轨道交通装备制造业职业技能鉴定指导丛书

锯 床 工

中国中车股份有限公司 编写

中国铁道出版社

2016年·北 京

图书在版编目(CIP)数据

锯床工/中国中车股份有限公司编写．—北京：中国铁道出版社，2016.5

(轨道交通装备制造业职业技能鉴定指导丛书)

ISBN 978-7-113-21715-0

Ⅰ.①锯…　Ⅱ.①中…　Ⅲ.①锯床—职业技能—鉴定—自学参考资料　Ⅳ.①TG56

中国版本图书馆 CIP 数据核字(2016)第 084630 号

轨道交通装备制造业职业技能鉴定指导丛书

书　　名： **锯　床　工**

作　　者： 中国中车股份有限公司

策　　划： 江新锡　钱士明　徐　艳

责任编辑： 陶赛赛　　**编辑部电话：** 010-51873065

编辑助理： 袁希翀

封面设计： 郑春鹏

责任校对： 苗　丹

责任印制： 陆　宁　高春晓

出版发行： 中国铁道出版社(100054，北京市西城区右安门西街 8 号)

网　　址： http://www.tdpress.com

印　　刷： 三河市航远印刷有限公司

版　　次： 2016 年 5 月第 1 版　2016 年 5 月第 1 次印刷

开　　本： 787 mm×1 092 mm　1/16　印张：7.75　字数：181 千

书　　号： ISBN 978-7-113-21715-0

定　　价： 25.00 元

中国中车职业技能鉴定教材修订、开发编审委员会

主　任： 赵光兴

副主任： 郭法娥

委　员： （按姓氏笔画为序）

于帮会　王　华　尹成文　孔　军　史治国
朱智勇　刘继斌　闫建华　安忠义　孙　勇
沈立德　张晓海　张海涛　姜　冬　姜海洋
耿　刚　韩志坚　詹余斌

本《丛书》总　编： 赵光兴

副总编： 郭法娥　刘继斌

本《丛书》总　审： 刘继斌

副总审： 杨永刚　娄树国

编审委员会办公室：

主　任： 刘继斌

成　员： 杨永刚　娄树国　尹志强　胡大伟

序

在党中央、国务院的正确决策和大力支持下，中国高铁事业迅猛发展。中国已成为全球高铁技术最全、集成能力最强、运营里程最长、运行速度最高的国家。高铁已成为中国外交的金牌名片，成为高端装备“走出去”的大国重器。

中国中车作为高铁事业的积极参与者和主要推动者，在大力推动产品、技术创新的同时，始终站在人才队伍建设的重要战略高度，把高技能人才作为创新资源的重要组成部分，不断加大培养力度。广大技术工人立足本职岗位，用自己的聪明才智，为中国高铁事业的创新、发展做出了杰出贡献，被李克强同志亲切地赞誉为“中国第一代高铁工人”。如今在这支近9.2万人的队伍中，持证率已超过96%，高技能人才占比已超过59%，有6人荣获“中华技能大奖”，有50人荣获国务院“政府特殊津贴”，有90人荣获“全国技术能手”称号。

高技能人才队伍的发展，得益于国家的政策环境，得益于企业的发展，也得益于扎实的基础工作。自2002年起，中国中车作为国家首批职业技能鉴定试点企业，积极开展工作，编制鉴定教材，在构建企业技能人才评价体系、推动企业高技能人才队伍建设方面取得明显成效。

中国中车承载着振兴国家高端装备制造业的重大使命，承载着中国高铁走向世界的光荣梦想，承载着中国轨道交通装备行业的百年积淀。为适应中国高端装备制造技术的加速发展，推进国家职业技能鉴定工作的不断深入，中国中车组织修订、开发了覆盖所有职业（工种）的新教材。在这次教材修订、开发中，编者基于对多年鉴定工作规律的认识，提出了“核心技能要素”等概念，创造性地开发了《职业技能鉴定技能操作考核框架》。试用表明，该《框架》作为技能人才综合素质评价的新标尺，填补了以往鉴定实操考试中缺乏命题水平评估标准的空白，很好地统一了不同鉴定机构的鉴定标准，大大提高了职业技能鉴定的公平性和公信力，具有广泛的适用性。

相信《轨道交通装备制造业职业技能鉴定指导丛书》的出版发行，对于推动高技能人才队伍的建设，对于企业贯彻落实国家创新驱动发展战略，成为“中国制造2025”的积极参与者、大力推动者和创新排头兵，对于构建由我国主导的全球轨道交通装备产业新格局，必将发挥积极的作用。

中国中车股份有限公司总裁：

二〇一五年十二月二十八日

前　言

鉴定教材是职业技能鉴定工作的重要基础。2002年，经原劳动保障部批准，原中国南车和中国北车成为国家职业技能鉴定首批试点中央企业，开始全面开展职业技能鉴定工作。2003年，根据《国家职业标准》要求，并结合自身实际，我们组织开发了《职业技能鉴定指导丛书》，共涉及车工等52个职业(工种)的初、中、高3个等级。多年来，这些教材为不断提升技能人才素质、满足企业转型升级的需要发挥了重要作用。

随着企业的快速发展和国家职业技能鉴定工作的不断深入，特别是以高速动车组为代表的世界一流产品制造技术的快步发展，现有的职业技能鉴定教材在内容、标准等诸多方面，已明显不适应企业构建新型技能人才评价体系的要求。为此，公司决定修订、开发《轨道交通装备制造业职业技能鉴定指导丛书》。

本《丛书》的修订、开发，始终围绕打造世界一流企业的目标，努力遵循"执行国家标准与体现企业实际需要相结合、继承和发展相结合、质量第一、岗位个性服从于职业共性"四项工作原则，以提高中国中车技术工人队伍整体素质为目的，以主要和关键技术职业为重点，依据《国家职业标准》对知识、技能的各项要求，力求通过自主开发、借鉴吸收、创新发展，进一步推动企业职业技能鉴定教材建设，确保职业技能鉴定工作更好地满足企业发展对高技能人才队伍建设工作的迫切需要。

本《丛书》修订、开发中，认真总结和梳理了过去12年企业鉴定工作的经验以及对鉴定工作规律的认识，本着"紧密结合企业工作实际，完整贯彻落实《国家职业标准》，切实提高职业技能鉴定工作质量"的基本理念，以"核心技能要素"为切入点，探索、开发出了中国中车《职业技能鉴定技能操作考核框架》；对于暂无《国家职业标准》、又无相关行业职业标准的38个职业，按照国家有关《技术规程》开发了《中国中车职业标准》。自2014年以来近两年的试用表明：该《框架》既完整反映了《国家职业标准》对理论和技能两方面的要求，又适应了企业生产和技术工人队伍建设的需要，突破了以往技能鉴定实作考核缺乏水平评估标准的"瓶颈"，统一了不同产品、不同技术含量企业的鉴定标准，提高了鉴定考核的技术含量，提高了职业技能鉴定工作质量和管理水平，保证了职业技能鉴定的公平性和公信力，已经成为职业技能鉴定工作、进而成为生产操作者综合技术素质评价的新标尺。

本《丛书》共涉及99个职业(工种),覆盖了中国中车开展职业技能鉴定的绝大部分职业(工种)。《丛书》中每一职业(工种)又分为初、中、高3个技能等级,并按职业技能鉴定理论、技能考试的内容和形式编写。其中:理论知识部分包括知识要求练习题与答案;技能操作部分包括《技能考核框架》和《样题与分析》。本《丛书》按职业(工种)分册,已按计划出版了第一批75个职业(工种)。本次计划出版第二批24个职业(工种)。

本《丛书》在修订、开发中,仍侧重于相关理论知识和技能要求的应知应会,若要更全面、系统地掌握《国家职业标准》规定的理论与技能要求,还可参考其他相关教材。

本《丛书》在修订、开发中得到了所属企业各级领导、技术专家、技能专家和培训、鉴定工作人员的大力支持;人力资源和社会保障部职业能力建设司和职业技能鉴定中心、中国铁道出版社等有关部门也给予了热情关怀和帮助,我们在此一并表示衷心感谢。

本《丛书》之《锯床工》由原西安轨道交通装备有限责任公司《锯床工》项目组编写。主编杨勇刚,副主编杨永涛;主审韩志坚,副主审侯伟强;参编人员杨驰、薛沛荣、邹树丰、申纪文。

由于时间及水平所限,本《丛书》难免有错、漏之处,敬请读者批评指正。

中国中车职业技能鉴定教材修订、开发编审委员会

二〇一五年十二月三十日

目　　录

锯床工(职业道德)习题

一、填 空 题

1. 职业道德规范要求职工必须(　　)且具有高度的责任心。

2. 一定社会中人们调整相互间利益关系的思想意识和行为准则称为(　　)。

3. 从事一定职业的人们在其特定的职业活动中所形成的处理人和人、人和社会之间利益关系的特殊行为规范就是(　　)。

4. 职业道德是(　　)的一个重要组成部分。

5. 严格执行工作程序、工作规范、工艺文件和(　　)是职业道德的基本要求之一。

6. 安全与生产的关系是(　　),安全促进生产。

7. 安全生产的方针是(　　)。

8. 我国劳动保护三结合管理体制是国家监察、行政管理、(　　)三个方面结合起来。

9. 劳动保护是保护(　　)在生产过程中的安全健康。

10. 职业道德是人们在一定的职业活动中所遵守的(　　)总和。

11. (　　)是社会主义职业道德的基础和核心。

12. 社会主义职业道德的基本原则是集体主义,其核心是(　　)。

13. 社会主义职业道德的作用表现在对社会主义经济发展起推动作用;对形成良好的社会风气起(　　)作用;对提高就业人员的道德素质起促进作用。

14. 职业纪律是在特定的职业活动范围内,从事某种职业的人们必须共同遵守的(　　)。

15. 职业纪律主要有三个方面:(　　)、财经纪律和群众纪律。

16. 职业纪律是职业道德(　　),也是职业道德的具体表现。

17. 企业员工应树立(　　)、提高技能的勤业意识。

18. 职业守则要求从业人员要团结协作,主协(　　)。

19. 精益生产的核心是消除一切(　　)和浪费。

20. 文明生产是指在遵章守纪的基础上去创造整洁、(　　)、优美而又有序的生产环境。

21. 全面质量管理是从系统理论出发,把企业作为(　　)的整体,将专业技术、经营管理和统计方法有机地结合起来的一种质量管理方法。

22. 职业道德是(　　)的一个重要组成部分。

23. 职业道德不仅是从业人员在职业活动中的行为要求,而且是本行业对社会所承担的(　　)和义务。

24. 爱岗敬业是社会主义职业道德的(　　)。

25. 社会主义职业道德的基本原则是(　　),其核心是为人民服务。

26. 具有高度责任心应做到忠于职守、(　　)。

27. 道德是靠舆论和内心信念来发挥和(　　)作用的。

28. 要热情待客,但不要泄露(　　)秘密。

29. 职业道德是促使人们(　　)的思想基础。

30. 道德是一定社会中人们调整相互间利益(　　)的思想意识和行为准则。

31. 职业道德就是从事一定职业的人们在其特定的职业活动中所形成的处理人和人、人和社会之间利益关系的(　　)。

32. 爱岗敬业是对从业人员(　　)的首要要求。

33. 保护(　　)秘密是每个职工的义务和责任。

34. 掌握必要的职业技能是(　　)的先决条件。

35. 职业道德中要求从业人员的工作应该,检查上道工序、(　　)、服务下道工序。

36. 职业道德中要求从业人员的工作应该(　　) 工艺要求。

37. 职业纪律是职业活动等以正常进行的基本保证,它体现(　　)、集体利益和企业利益的一致性。

38. 公约和(　　)是职业道德的具体体现。

39. 工艺要求越高,产品质量(　　)。

二、单项选择题

1. 职业道德体现了(　　)。

(A)从业者对所从事职业的态度　　(B)从业者的工资收入

(C)从业者享有的权利　　(D)从业者的工作计划

2. 职业道德的实质内容是(　　)。

(A)改善个人生活　　(B)增加社会的财富

(C)树立全新的社会主义劳动态度　　(D)增强竞争意识

3. 爱岗敬业就是对从业人员(　　)的首要要求。

(A)工作态度　　(B)工作精神　　(C)工作能力　　(D)以上均可

4. 忠于职守就是要求把自己(　　)的工作做好。

(A)道德范围内　　(B)职业范围内　　(C)生活范围内　　(D)社会范围内

5. 遵守法律法规不要求(　　)。

(A)遵守国家法律和政策　　(B)遵守安全操作规程

(C)加强劳动协作　　(D)遵守操作程序

6. 具有高度责任心应做到(　　)。

(A)忠于职守,精益求精　　(B)不徇私情,不谋私利

(C)光明磊落,表里如一　　(D)方便群众,注重形象

7. 企业的质量方针不是(　　)。

(A)企业总方针的重要组成部分　　(B)企业的岗位责任制度

(C)每个职工必须熟记的质量准则　　(D)每个职工必须贯彻的质量准则

8. 环境不包括(　　)。

(A)大气　　(B)水　　(C)气候　　(D) 土地

9. 工企对环境污染的防治不包括(　　)。

(A)防治固体废弃物污染　　(B)开发防治污染新技术

(C)防治能量污染　　(D)防治水体污染

三、多项选择题

1. 职业道德规范要求职工必须(　　)。
(A)助人为乐　(B)尊老爱幼　(C)爱岗敬业　(D)具有高度的责任心
2. 道德是一定社会中人们调整相互间利益关系的(　　)。
(A)思想意识　(B)行为准则　(C)兴趣爱好　(D)友好往来
3. 严格执行(　　)是职业道德的基本要求之一。
(A)工作程序　(B)工作规范　(C)工艺文件　(D)安全操作规程
4. 职业纪律主要有(　　)等方面。
(A)社会纪律　(B)劳动纪律　(C)财经纪律　(D)群众纪律
5. 文明生产是指在遵章守纪的基础上去创造(　　)而又有序的生产环境。
(A)整洁　(B)安全　(C)舒适　(D)优美
6. 职业道德体现在(　　)。
(A)从业者对所从事职业的态度上　(B)从业者的工资收入上
(C)从业者的价值观上　(D)从业者的道德观上
7. 职业道德鼓励从业者(　　)。
(A)通过诚实的劳动改善个人生活　(B)通过诚实的劳动增加社会的财富
(C)通过诚实的劳动促进国家建设　(D)通过诚实的劳动为极个别人服务
8. 职业道德基本规范包括(　　)。
(A)爱岗敬业、忠于职守　(B)服务群众、奉献社会
(C)搞好与他人的关系　(D)遵纪守法、廉洁奉公
9. 敬业就是以严肃认真的态度对待工作,下列属于敬业的有(　　)。
(A)工作勤奋努力　(B)工作精益求精
(C)工作以自我为中心　(D)工作尽心尽力
10. 遵守法律法规的要求有(　　)。
(A)遵守国家法律和政策　(B)遵守劳动纪律
(C)遵守安全操作规程　(D)延长劳动时间
11. 以下违反劳动操作规程的是(　　)。
(A)不按标准工艺生产　(B)自己制定生产工艺
(C)使用不熟悉的机床　(D)执行国家劳动保护政策
12. 符合着装整洁文明生产要求的是(　　)。
(A)按规定穿戴好防护用品　(B)遵守安全技术操作规程
(C)优化工作环境　(D)在工作中吸烟
13. 环境保护包括(　　)。
(A)预防环境恶化　(B)控制环境污染
(C)促进工农业同步发展　(D)促进人类与环境协调发展
14. 环境保护法的基本任务包括(　　)。
(A)保护和改善环境　(B)合理利用自然资源

(C)维护生态平衡　　(D)加快城市开发进度

15. 企业的质量方针包括(　　)。

(A)工艺规程的质量记录　　(B)每个职工必须贯彻的质量准则

(C)企业的质量宗旨　　(D)企业的质量方向

16. 属于岗位质量要求的内容是(　　)。

(A)对各个岗位质量工作的具体要求　　(B)各项质量记录

(C)操作程序　　(D)市场需求

四、判 断 题

1. 劳动保护就是指保障劳动者在生产过程中的安全、健康。(　　)

2. 安全生产责任制是企业各级领导职能部门、有关工程技术人员、管理人员和生产工人在劳动生产过程中对安全生产应尽的职责。(　　)

3. 安全第一是指安全生产是一切经济部门和生产企业的头等大事,是企业领导的第一位职责。(　　)

4. 市场经济条件下,首先是讲经济效益,其次才是精工细作。(　　)

5. 文明生产是指在良好的秩序、整洁的环境和安全卫生的条件下进行生产劳动。(　　)

6. 职业道德是一个企业形象的重要组成部分。(　　)

7. 职业道德不仅是从业人员在职业活动中的行为要求,而且是本行业对社会所承担的道德责任和义务。(　　)

8. 每个职工都有保护企业秘密的义务和责任。(　　)

9. 职业纪律与职业活动的法律、法规是职业活动能够正常进行的基本保证。(　　)

10. 保护职工的切身利益就是要保守企业秘密。(　　)

11. 职业纪律是职业道德最基本的要求也是职业道德的具体表现。(　　)

12. 遵守职业纪律是职业道德的具体体现。(　　)

13. 职业守则要求从业人员要团结协作,主协配合。(　　)

14. 树立质量意识是一个职业劳动者恪守职业道德的要求。(　　)

15. 职业道德是社会道德在职业行为和职业关系中的具体表现。(　　)

16. 职业道德的实质内容是建立全新的社会主义劳动关系。(　　)

17. 忠于职守就是要求把自己职业范围内的工作做好。(　　)

18. 奉献社会是职业道德中的最高境界。(　　)

19. 劳动既是个人谋生的手段,也是为社会服务的途径。(　　)

20. 环境保护法为国家执行环境监督管理职能提供法律咨询。(　　)

21. 岗位的质量要求是每个职工必须做到的最基本的岗位工作职责。(　　)

22. 岗位的质量保证措施与责任就是岗位的质量要求。(　　)

23. 环境保护是指利用政府的指挥职能,对环境进行保护。(　　)

24. 要质量必然失去数量。(　　)

25. 在履行岗位职责时,应采取自觉性的原则。(　　)

26. 今天的好产品,在生产力提高后,也一定是好产品。(　　)

27. 质量与信誉不可分割。(　　)

锯床工(职业道德)答案

一、填 空 题

1. 爱岗敬业　2. 道德　3. 职业道德　4. 企业形象
5. 安全操作规程　6. 生产必须安全　7. 安全第一、预防为主
8. 群众监督　9. 劳动者　10. 行为规范　11. 爱岗敬业
12. 为人民服务　13. 保证　14. 行为准则　15. 劳动纪律
16. 最基本的要求　17. 钻研业务　18. 配合　19. 无效劳动
20. 安全、舒适　21. 产品质量　22. 企业形象　23. 道德责任
24. 基础和核心　25. 集体主义　26. 精益求精　27. 维持社会
28. 商业　29. 遵守职业纪律　30. 关系　31. 特殊行为规范
32. 工作态度　33. 企业　34. 为人民服务　35. 干好本道工序
36. 严格执行　37. 国家利益　38. 守则　39. 越精

二、单项选择题

1. A　2. C　3. A　4. B　5. C　6. A　7. C　8. C　9. C

三、多项选择题

1. CD　2. AB　3. ABCD　4. BCD　5. ABCD　6. ACD
7. ABC　8. ABD　9. ABD　10. ABC　11. ABC　12. ABC
13. ABD　14. ABC　15. BCD　16. ACD

四、判 断 题

1. √　2. √　3. √　4. ×　5. √　6. √　7. √　8. √　9. √
10. √　11. √　12. ×　13. √　14. √　15. √　16. ×　17. √　18. √
19. √　20. ×　21. √　22. ×　23. ×　24. ×　25. ×　26. ×　27. √

锯床工(初级工)习题

一、填 空 题

1. 立式带锯床上带锯条(内侧)到锯架壁或床身壁的水平最大距离叫(　　)。

2. 锯轮是带锯床上支承和传动(　　)的零件。

3. 普通型立式带锯床的工作台倾斜角是指工作台对水平面的(　　)。

4. 湿(式)锯削使用(　　)。

5. 干(式)锯削不使用(　　)。

6. 工件夹紧时,必须确保在整个切削循环过程中都保持(　　),避免在锯切过程中工件夹持装置松开。

7. 卧式带锯床工作时,加工区护罩应调整的与工件保持(　　)安全距离,即尽可能靠近工件。

8. 锯床操作工应严格按说明书规定正确安装(　　)和使用锯床,并在锯床周围提供适当的作业区,以便进行安全操作和日常维护。

9. 游标卡尺的读数精度是利用主尺和副尺刻线间的(　　)来确定的。

10. 锯床的(　　)应有坚固的结构,以挡住断裂的锯条。

11. 锯床操作工应严格按锯床的操作说明书要求进行操作,并定期对锯床进行(　　),以保持安全操作条件。

12. 操作者应在锯床具有(　　)的条件下工作,并经常检查它们的完好性。

13. 操作者不准(　　)进行锯切,以防止手或手指进入加工区。

14. 使用锯床时,应注意在切入和切出时确保稳妥地支撑长而重的工件,避免切断的工件(　　)和完成切削后机床的倾覆。

15. 常用的刃具钢有低合金工具钢和(　　)工具钢。

16. 应根据所加工工件的(　　)沿燕尾导轨调整导向臂,调整完毕后必须锁紧导向装置。

17. 百分表的工作原理是将测杆的(　　)移动经过齿轮齿条传动变成指针的转动。

18. 带锯条(　　)应适当,速度和进给量必须恰当。

19. 百分表的工作原理是将测杆的(　　)移动经过齿轮齿条传动变成指针的转动。

20. 游标卡尺的读数精度是利用主尺和副尺刻线间的(　　)来确定的。

21. 铜、铝、(　　)件在锯削过程中不加切削液。

22. 切削液的作用是(　　)、润滑和清洗。

23. 切削运动分为(　　)和进给运动。

24. 切削途中锯条断裂,调换新锯条后,工件必须(　　),锯弓放下时应缓慢,不得冲击。

25. 切削过程中操作者严禁离开岗位,严禁带(　　)操作。

26. 切削有色金属和铜合金时,不宜采用(　　)的切削液,以免工件受到腐蚀。

27. 每班下班时,必须打开防护罩,清除被带入(　　)周围的切屑。

28. 带锯条松紧应适当，速度和(　　)必须恰当。

29. 冬季工作前应先行空运转(　　),使锯床各部得到预热。

30. 锯条的规格必须符合要求,锯切实心大料、有色金属宜用(　　)。

31. 材料抵抗硬物体压入自已表面的能力叫(　　)。

32. 三角带的工作面是(　　)。

33. 作业人员需持(　　)上岗,在卸装锯条时必须带手套。

34. 允许零件尺寸变化的两个界限值叫(　　)。

35. 钢铁材料是由铁、(　　)、硅、锰以及磷、硫等元素所组成的金属材料。

36. 新锯条使用时,为了提高使用效果需进行锯条(　　)。

37. 生铁和钢的主要区别在于(　　)不同。

38. 锯床运转期间,发现有(　　),应立即停车排除故障。

39. 常用测量硬度的方法有布氏和(　　)两种。

40. 机床闲置不用时,对导轨及机床加工面应加(　　),防止锈蚀。

41. 根据工艺的不同,钢的热处理方法可分为退火、正火、淬火、回火及(　　)处理等五种。

42. 起锯角度都应在(　　)左右。

43. 厚度越大带锯条的(　　)越强,从而能进行重力切削。

44. 根据图样要求在工件上划出加工的界限称为(　　)。

45. 首先进行(　　),后进行高温回火,称为调质处理。

46. 宽度越大带锯条(　　)越高,越能进行高精度切削。

47. 常用的高速钢牌号是(　　)。

48. 角度锯床的加工角度是(　　)。

49. 无角度锯床的加工角度是(　　)。

50. 宽度越大带锯条强度越高,越能进行(　　)切削。

51. 加工铜、铝等软金属及厚的工件应选择(　　)锯条。

52. 加工硬钢、板料及薄壁管子等工件应选择(　　)锯条。

53. 加工普通钢、铸铁及中等厚度的工件应选择(　　)锯条。

54. 锯条磨合时只能使用(　　)的正常进给压力、进给速率和锯切速度。

55. 砂轮由(　　)、结合剂及气孔三部分组成。

56. 我国规定的安全电压为不超过(　　)V。

57. 锯齿齿距的正确选择与(　　) 及锯切速度的选择一样重要。

58. 工件的定位是靠工件上某些表面和夹具中的(　　)相接触来实现的。

59. 锯齿齿距的正确选择与进给率及(　　)的选择一样重要。

60. 锯削速度以每分钟(　　)次为宜。

61. 当零件主视图确定后,俯视图配置在主视图下方,左视图应配置在主视图(　　)方。

62. 非金属材料的剖面线一般画成(　　)。

63. 了解零件内部结构形状可假想用(　　)将零件剖切开,以表达内部结构。

64. 金属材料的剖面线一般画成(　　)。

65. 三视图之间的投影规律可概括为:主、俯视图(　　);主、左视图高平齐;俯、左视图宽相等。

66. 标注正方形结构尺寸,边长长度为 B,标注尺寸应为(　　)。

67. 锯削硬材料时,(　　)应大些,要防止打滑。

68. 千分尺的测量精度一般为(　　)mm,千分尺在测量前必须校正零位。

69. 锯削软材料时,压力应小些,防止切入过深而产生(　　)现象。

70. 夹紧力的方向应尽量(　　)于主要定位基准面,以保证加工精度。

71. 表面结构代号$\overset{3.2}{\bigtriangledown}$表示用加工的方法获得表面粗糙度值 Ra(　　)μm。

72. 钢材的有害元素主要包括(　　)等元素。

73. 夹紧力的方向应尽量垂直于主要定位(　　),以保证加工精度。

74. 在已加工表面划线时采用的蓝色涂料,其成分由 2%～4%的(　　)、3%～5%的生胶漆和 91%～95%的酒精组成。

75. 进行零件划线时,除必备的平台、V 形架、方箱外,所用的工具还有圆规、冲子、(　　)和高度尺或游标高度尺。

76. 锯轮轴承,每(　　)应加一次润滑脂。

77. 刃磨高速钢刀具应用(　　)砂轮。

78. 刃磨硬质合金刀具应采用(　　)砂轮。

79. 铸铁件因其耐磨性、减振性比钢件好且价廉,常用来制作机床的床身与(　　)。

80. 锻件适用于(　　)要求较高的负载零件。

81. 熔断器应串接在主电路和控制电路中,起到(　　)保护的作用。

82. 机床型号应该反映出机床的类别、(　　)、使用与结构特性和主要规格。

83. 锯轮轴承,变速箱内润滑油(　　)更换一次。

84. 常用的千分尺有外径千分尺、(　　)千分尺、深度千分尺、螺纹千分尺。

85. 夏季室温高于摄氏(　　)度时,应对油箱进行风冷。

86. 液压系统压力在(　　) MPa 之间。

87. 下班前应将(　　)落下,断开电源。

88. 溢流阀有直动式和(　　)两种。

89. 电动锯条是否掉带。低速空运转(　　)min,确认润滑、液压、电气系统及各部运转正常,再开始工作。

90. 快速熔断器主要用于(　　)。

91. 刀具材料的硬度应(　　)工件材料的硬度。

92. 配合种类分为间隙配合、过渡配合、(　　)三种。

93. 锯条锯齿应根据(　　)与材质进行选择。

94. 安全用电的原则是不接触(　　)带电体。

95. 机床夹具是由夹具体、(　　)、夹紧装置、辅助装置四部分组成。

96. 切削运动分为(　　)和进给运动。

97. 游标卡尺的读数精度是利用主尺和副尺刻线间的(　　)来确定的。

98. 机床保养工作以(　　)为主,维修工人配合进行。

99. 切削用量参数包括背吃刀量、(　　)和切削速度。
100. 切削用量是表示(　　)及进给运动大小的参数。
101. 在切削加工中,刀具和工件必须作相对运动,这个运动称为(　　)运动。
102. 在切削过程中,对刀具磨损影响最大的切削要素是(　　)。
103. 首先进行(　　),后进行高温回火的处理,称为调质处理。
104. 切削用量中,对刀具寿命影响最大的是切削速度,其次是(　　)和背吃刀量。
105. 英制螺纹用 1 in 长度内的(　　)表示螺距的大小。
106. 工件的定位是靠工件上某些表面和夹具中的(　　)相接触来实现的。
107. 选择粗基准时,应保证所有的加工表面都有足够的(　　)。
108. 选择粗基准时,应保证零件上加工表面和不加工表面之间具有一定的(　　)。
109. 当零件主视图确定后,俯视图配置在主视图下方,左视图应配置在主视图(　　)方。
110. 齿轮泵的泄露较多,故其容积率较(　　)。
111. 保证工件在夹具中确定位置的元件称为(　　)元件。
112. 重复限制工件的一个或多个自由度的情况称为(　　)。
113. 锉削是用锉刀对工件的表面或边缘进行(　　)的方法。
114. 切削液的主要作用是减小工件的(　　),提高加工精度。
115. 尺寸公差简称公差,它是指(　　)。
116. 构件是机构中的(　　)。
117. 液压系统的(　　)部分可将液压能转换为机械能而输出。
118. 专用夹具适用于(　　)的生产。
119. 评定材料加工性能的主要指标是刀具耐用度指标和(　　)。
120. 基孔制的孔称为(　　),基轴制的轴称为基准轴。
121. 选择测量器具时主要应考虑其(　　)指标和精度指标。
122. 基孔制的特点是上偏差为正值,下偏差为(　　)。
123. 机床电气设备电源为中性点工作接地的三相四线制供电系统,从安全防护观点出发,采用保护接零比(　　)好。
124. 在相同条件下,比较加工后表面粗糙度值,数值(　　)则加工性好;反之,加工性差。
125. 高处作业是指在高度为(　　)且有可能坠落的高处进行作业。
126. 金属材料的(　　)性能是指金属材料在外力作用下所表现的抵抗变形的能力。
127. 一对啮合齿轮的传动比与(　　)有关。
128. 金属材料的性能主要包括使用性能和(　　)两个方面。
129. 金属材料在外力作用下所表现出来的性能称为(　　)。
130. 强度是指金属材料在静载荷作用下,抵抗(　　)和断裂的能力。
131. 硬度可通过硬度试验测定,常用的有布氏硬度和(　　)两种。
132. 金属材料的常用强度指标为(　　)和抗拉强度。
133. 通常把金属从液态向固态的转变称为(　　)。
134. 珠光体是(　　)和渗碳体组成的机械混合物。
135. 常用的两种表面热处理方法是表面淬火和(　　)。

136. 在合金调质钢中加入铬、锰、镍等合金元素，主要是为了增加钢的(　　)。
137. 锻压是锻造和(　　)的总称。
138.(　　)与变形抗力是衡量可锻性优劣的两个主要指标。
139. 碳素钢随含碳量(　　)，锻压性能变差。
140.(　　)是通过加热或加压，或者两者并用，使两个分离的金属进行原子结合，连接成一个。
141. 焊条是由(　　)和药皮两部分组成。
142. 金属切削加工分为机械加工和(　　)加工。
143. 切削用量三要素是切削速度、切削深度和(　　)。
144. 对于切削刀具其切削部分的(　　)和几何角度是进行切削加工的最重要因素。
145. 埋弧焊是电弧在(　　)下燃烧进行焊接的方法。
146. 常见的化学热处理是渗碳、(　　)、碳氮共渗。
147. 低合金结构钢是在(　　)的基础上加入少量合金元素炼成的。
148. 碳在铸铁中的存在形式有石墨和(　　)。
149. 常用铝合金可分为变形铝合金和(　　)铝合金。
150. 通常把铸造分为砂型铸造、(　　)铸造两大类。
151. 金属材料焊接接头包括焊缝、熔合区和(　　)三部分。
152. 钻削时，钻头的旋转运动为主运动，钻头沿本身(　　)移动为进给运动。

二、单项选择题

1. 机床外露的滑动表面一般采用(　　)润滑。
(A)浇油　(B)溅油　(C)油绳　(D)油杯
2. 弹子油杯润滑应(　　)至少加油一次。
(A)每周　(B)每班次　(C)每天　(D)每三天
3. 油脂杯润滑应(　　)加油一次。
(A)每周　(B)每班次　(C)每天　(D)每小时
4. 属于以冷却为主的切削液是(　　)。
(A)苏打水　(B)硫化油　(C)混合油　(D)切削油
5. 粗加工时，切削液应选用以冷却为主的(　　)。
(A)切削油　(B)混合油　(C)乳化液　(D)硫化油
6. 切削液中的乳化液，主要起(　　)作用。
(A)冷却　(B)润滑　(C)减少摩擦　(D)清洗
7. 以冷却为主的切削液都是水溶液，且呈(　　)。
(A)中性　(B)酸性　(C)碱性　(D)中性或碱性
8. 低碳钢的含碳量为(　　)。
(A)<0.25%　(B)0.15%～0.45%
(C)0.25%～0.6%　(D)0.6%～2.11%
9. 中碳钢的含碳量为(　　)。
(A)<0.25%　(B)0.15%～0.45%

(C)0.25%～0.6%　　(D)0.6% ～2.11%

10. 高碳钢的含碳量为(　　)。

(A)<0.25%　　(B)0.15%～0.45%

(C)0.25%～0.6%　　(D)0.6% ～2.11%

11. 淬火及低温回火工序一般安排在(　　)。

(A)粗加工之后,半精加工之前　　(B)半精加工之后,磨削之前

(C)粗加工之前　　(D)磨削之后

12. 在两个传动齿轮中间加入一个齿轮(介轮),其作用是改变齿轮的(　　)。

(A)传动比　　(B)旋转方向　　(C)旋转速度　　(D)都是

13. 普通螺纹 M24×2 的中径比 M24×1 的中径(　　)。

(A)大　　(B)小　　(C)相等　　(D)相等或小于

14. 在夹具中,(　　)装置用于确定工件在夹具中的位置。

(A)定位　　(B)夹紧　　(C)辅助　　(D)动力

15. 用于研磨硬度高的淬火钢工件时,应选用(　　)的研具材料。

(A)软钢　　(B)灰铸铁　　(C)硬木材　　(D)铸造铝合金

16. 一般按划线进行加工时,线里、线外误差为(　　)。

(A)0.1 mm　　(B)0.2 mm

(C)0.4 mm～0.5 mm　　(D)0.5 mm～0.6 mm

17. 下偏差是(　　)极限尺寸减其基本尺寸所得的代数差。

(A)最小　　(B)最大　　(C)轴最大　　(D)孔最小

18. 职业道德是促使人们遵守职业纪律的(　　)。

(A)思想基础　　(B)工作基础　　(C)工作动力　　(D)理论前提

19. 工件加工后的尺寸与加工前的尺寸差,称为(　　)。

(A)加工余量　　(B)公差范围　　(C)公称余量　　(D)最小余量

20. 下列叙述正确的是(　　)。

(A)职业虽不同,但职业道德的要求都是一致的

(B)公约和守则是职业道德的具体体现

(C)职业道德不具有连续性

(D)道德是个性,职业道德是共性

21. 下列叙述不正确的是(　　)。

(A)德行的崇高,往往以牺牲德行主体现实幸福为代价

(B)国无德不兴、人无德不立

(C)从业者的职业态度是既为自己,也为别人

(D)社会主义职业道德的灵魂是诚实守信

22. 产业工人的职业道德的要求是(　　)。

(A)精工细作、文明生产　　(B)为人师表

(C)廉洁奉公　　(D)治病救人

23. 下列对质量评述正确的是(　　)。

(A)在国内市场质量是好的,在国际市场上也一定是最好的

(B)今天的好产品，在生产力提高后，也一定是好产品
(C)工艺要求越高，产品质量越精
(D)要质量必然失去数量

24. 掌握必要的职业技能是(　　)。
(A)每个劳动者立足社会的前提　(B)每个劳动者对社会应尽的道德义务
(C)为人民服务的先决条件　(D)竞争上岗的唯一条件

25. 分工与协作的关系是(　　)。
(A)分工是相对的，协作是绝对的　(B)分工与协作是对立的
(C)二者没有关系　(D)分工是绝对的，协作是相对的

26. 下列说法不正确的是(　　)。
(A)职业道德＋一技之长＝经济效益　(B)一技之长＝经济效益
(C)有一技之长也要虚心向他人学习　(D)一技之长靠刻苦精神得来

27. 下列不符合职业道德要求的是(　　)。
(A)检查上道工序、干好本道工序、服务下道工序
(B)主协配合，师徒同心
(C)粗制滥造，野蛮操作
(D)严格执行工艺要求

28. 合上开关后，日光灯不亮的可能原因是(　　)。
(A)开关短路　(B)开关接在零线上　(C)电路断路　(D)导线太粗

29. 錾削的操作方法正确的是(　　)。
(A)左手握錾子，右手握锤　(B)左手握锤，右手握锤
(C)右手握錾子，左手握锤　(D)均可

30. 锉削速度不宜过快，以每分钟推锉(　　)次为宜。
(A)100 次左右　(B)80 次左右　(C)80～120 次　(D)30～60 次

31. 当工件加工精度较高时宜选用(　　)。
(A)长锉　(B)短锉　(C)粗锉　(D)细锉

32. 测量两配合零件表面的间隙用(　　)。
(A)游标卡尺　(B)塞尺　(C)千分尺　(D)皮尺

33. 下列工具中手柄处是不绝缘的有(　　)。
(A)斜口钳　(B)剥线钳　(C)电工刀　(D)断线钳

34. 在砖墙上冲打导线孔时应用(　　)。
(A)冲击钻　(B)手提式电钻　(C)手枪式电钻　(D)射钉枪

35. 各种悬吊灯具离地面的距离不应小于(　　)m。
(A)1.4　(B)2　(C)2.2　(D)2.5

36. 对于在工作部位有较高的照度要求，而在其他部位又要求照明时宜采用(　　)照明。
(A)一般　(B)局部　(C)混合　(D)任意一种

37. 胸外心脏挤压法每分钟的动作次数为(　　)。
(A)12 次　(B)60 次　(C)120 次　(D)180 次

38. 立体划线一般要在工作平台安放(　　)次。

(A)1　(B)2　(C)3　(D)4

39. 錾削铸铁、青铜和钢时，錾子的楔角应取(　　)。

(A)30°～50°　(B)50°～60°　(C)60°～70°　(D)80°～100°

40. 锉刀长短的选择，主要取决于(　　)。

(A)工件加工余量的大小　(B)工件加工面的长短

(C)加工精度的高低　(D)加工面的粗细

41. 锯条锯齿的后角是(　　)。

(A)40°　(B)0°　(C)60°　(D)100°

42. 划线找正，一般用于(　　)加工。

(A)精　(B)粗　(C)半精　(D)最终

43. 触电伤害的程度与触电电流的路径有关，对人最危险的触电电流路径是(　　)。

(A)流过手指　(B)流过下肢　(C)流过心脏　(D)流过脚心

44. 熔丝熔断后，更换新熔丝时，应注意(　　)。

(A)更换同规格的新熔丝　(B)加大熔丝的规格

(C)减小熔丝的规格　(D)保证使用，大小均可

45. 有一电源电压为 24 V，现在只有额定电压 12 V 的信号灯，要使用这些信号灯时，应该(　　)。

(A)直接接到电源上，即可使用

(B)无法使用这些信号灯

(C)将两个同瓦数的信号灯串联接到电源上

(D)将两个同瓦数的信号灯并联接到电源上

46. 促使刀具和工件之间产生相对运动，使刀具前刀面接近工件的运动称为(　　)。

(A)辅助运动　(B)进给运动　(C)主运动　(D)铣削运动

47. 采用切削液能将已产生的切削热从切削区域迅速带走，这主要是由于切削液具有(　　)。

(A)润滑作用　(B)冷却作用　(C)防锈作用　(D)清洗作用

48. 采用切削液，可以减少切削过程中的摩擦，这主要是由于切削液具有(　　)。

(A)润滑作用　(B)冷却作用　(C)清洗作用　(D)防锈作用

49. 机床用平口虎钳底部的键块定位，是为了使钳口与(　　)平行或垂直。

(A)工作台面　(B)铣刀　(C)进给方向　(D)刀体

50. 千分尺读尺寸方法可分为三步：(1)读出活动套管边缘在固定套管的数值后面；(2)活动套管上哪一格与固定套管上基准线对齐；(3)把两个数(　　)起来。

(A)加　(B)减　(C)乘　(D)除

51. 安全电压额定值的等级为(　　)级。

(A)两　(B)三　(C)四　(D)五

52. 万能角尺固定角规装上钢尺后一边成 90°，另一条斜边与钢尺成(　　)。

(A)30°　(B)45°　(C)60°　(D)90°

53. 在机器制造过程中采用的各种基准称为(　　)基准。

(A)设计　(B)定位　(C)工艺　(D)测量

54. 工件划线分(　　)种。

(A)两　(B)三　(C)四　(D)五

55. 一般划线精度只能达到(　　)mm。

(A)0.10～0.20　(B)0.10～0.25　(C)0.25～0.50　(D)0.5～0.7

56. 用万能角度尺测量，如果被测量角度大于 90°小于 180°，读数时应加上一个(　　)。

(A)90°　(B)180°　(C)270°　(D)360°

57. 0.02 mm 游标卡尺的游标上，第 50 格刻线与尺身上(　　)mm 刻线对齐。

(A)49　(B)39　(C)29　(D)19

58. 用卡规测量轴径时，过端通过而止端不通过，则这根轴的轴颈尺寸(　　)。

(A)合格　(B)不合格　(C)可能合格也可能不合格

59. 有一尺寸为 $20^{+0.033}_{0}$ mm 的孔与尺寸为 $20^{+0.033}_{0}$ mm 的轴配合，其最大的间隙应为(　　)mm。

(A)0.066　(B)0.033　(C)0　(D)－0.033

60. 带传动机构装配后，要求两带轮的中间平面(　　)。

(A)重合　(B)平行　(C)相交　(D)垂直

61. 在液压传动中，用(　　)来改变活塞的运动速度。

(A)换向阀　(B)节流阀　(C)安全阀　(D)单项阀

62. 刀具的前角、主后角和楔角之和(　　)。

(A)大于 90°　(B)小于 90°　(C)等于 90°

63. 当磨钝标准相同时，刀具耐用度越大表示刀具磨损(　　)。

(A)越快　(B)越慢　(C)不变　(D)不好确定

64. 在刀具的几何角度中，能起控制排屑方向作用的几何角度是(　　)。

(A)前角　(B)后角　(C)刃倾角　(D)前角与后角

65. 刀具切削部分的常用材料中，红硬性最好的是(　　)。

(A)碳素工具钢　(B)高速钢　(C)硬质合金　(D)陶瓷

66. 錾削时，錾子的后角一般为(　　)。

(A)3°～5°　(B)5°～8°　(C)8°～10°　(D)10°～12°

67. 标准麻花钻的顶角 2ϕ 为(　　)。

(A)110°±2°　(B)118°±2°　(C)125°±2°　(D)130°±2°

68. 耐热性好且切削温度可达 540～620 ℃的刀具材料是(　　)。

(A)硬质合金　(B)高速钢　(C)合金工具钢　(D)碳素钢

69. 在下列四种钢中，(　　)的硬度最高。

(A)T10 钢　(B)20 钢　(C)45 号钢　(D)65Mn 钢

70. 调质处理就是(　　)的热处理。

(A)淬火＋低温回火　(B)淬火＋中温回火

(C)淬火＋高温回火　(D)淬火＋退火

71. 为提高灰铸铁的表面硬度和耐磨性，采用(　　)的热处理方法效果较好。

(A)渗碳后淬火加低温回火　(B)电接触加热表面淬火

(C)等温淬火　(D)调质

72. 拉伸试验时，试样拉断前能承受的最大应力称为材料的(　　)。

(A)屈服点 (B)抗拉强度 (C)弹性极限 (D)强度极限

73. 划线时,用来确定工件各部位尺寸、几何形状及相对位置的线,称为(　　)线。

(A)原始 (B)零位 (C)基准 (D)尺寸

74. 在铸件、锻件毛坯表面上划线时,可使用(　　)涂料。

(A)品紫 (B)硫酸铜溶液 (C)石灰水 (D)其他

75. 锉刀的主要工作面是指锉齿的(　　)。

(A)上下两面 (B)两个侧面 (C)全部表面 (D)中部表面

76. 螺纹公称直径是螺纹大径的基本尺寸,即(　　)。

(A)外螺纹牙顶直径或内螺纹牙底直径 (B)外螺纹牙底直径或内螺纹牙顶直径

(C)内、外螺纹牙顶直径 (D)内、外螺纹的中径

77. 在钢和铸铁圆杆工件上套出同样直径的外螺纹,钢件圆杆直径与铸铁圆杆直径相比(　　)。

(A)大的多 (B)稍大 (C)稍小 (D)相等

78. 研具材料的硬度比被研磨工件的硬度(　　)。

(A)低 (B)高 (C)稍高 (D)相等

79. 静不平衡的特点是偏重总是停留在铅垂方向的(　　)。

(A)同一位置 (B)最低位置 (C)最高位置 (D)任一位置

80. 装配方法中,修配法适用于(　　)。

(A)单件生产 (B)小批量生产 (C)成批生产 (D)大量生产

81. 由两个或两个以上零件接合而成机器的一部分,称为(　　)。

(A)零件 (B)部件 (C)装配单元 (D)机器

82. 双头螺柱装配时,其轴心线必须与机体表面(　　)。

(A)同轴线 (B)平行 (C)垂直 (D)倾斜

83. 同时承受径向力和轴向力的轴承是(　　)。

(A)向心轴承 (B)推力轴承 (C)向心推力轴承 (D)滚针轴承

84. 圆柱孔轴承可使用(　　)拆卸。

(A)压力机或拉力器 (B)锤子 (C)温差法 (D)强行法

85. 锯削硬材料、管子或薄板等零件时,应选用(　　)锯条。

(A)粗齿 (B)中齿 (C)细齿

86. 铰孔完毕,退出铰刀时应该(　　)。

(A)反转 (B)正转 (C)不旋转 (D)正、反转均可

87. 机械在承受压力大、运动速度慢、精度要求低的场合,应选用(　　)的润滑油。

(A)黏度大 (B)黏度一般 (C)黏度低 (D)蒸发点高

88. 要使机械传动机构的结构紧凑,传动准确且近距离传动,可选择(　　)传动。

(A)齿轮 (B)带 (C)链条 (D)液压

89. 锉削时,如果两手使用的力所产生的力矩不平稳,工件表面就会被锉成一个(　　)。

(A)平面 (B)弧凸面 (C)弧凹面 (D)凸凹不平的面

90. 从机床上拆卸下来的传动长丝杠、光杠等应(　　),才不会发生变形。

(A)用V形架支承两头平放 (B)自由横放

(C)垂直悬挂 (D)三点支承放置

91. 箱体内的螺纹连接件，通常采用(　　)来锁紧防松。

(A)锁紧螺母 (B)弹簧垫圈 (C)串联钢丝 (D)开口销

92. 有一把游档卡尺，其尺身每一小格为 1 mm，游标刻线总长为 19 mm 并均分 20 格，则此游标卡尺的读数精度为(　　)mm。

(A)0.01 (B)0.02 (C)0.03 (D)0.05

93. 用压力机矫正丝杠的方法属于(　　)法。

(A)伸张 (B)扭转 (C)弯曲 (D)延展

94. 在铆接结构中，铆孔直径应(　　)于铆钉直径。

(A)稍大 (B)稍少 (C)相等 (D)稍小或相等

95. 修刮机床工作台面时，通常只允许(　　)。

(A)中凸 (B)中凹 (C)凸凹均可 (D)不凸不凹

96. 起重用绳索的安全系数一般取(　　)。

(A)1～3 (B)3～6 (C)6～9 (D)9～12

97. 划线时，选择某个面作为划线的根据，划其余的尺寸都从此面开始，这个面就是(　　)。

(A)定位基准 (B)工艺基准 (C)划线基准 (D)尺寸基准

98. 一般当材料的强度，硬度高，钻头直径较大时，宜选用(　　)的切削速度。

(A)较低 (B)中速 (C)偏高 (D)较高

99. 套丝时，为了使扳牙容易对准工件和切入材料，圆杆端部要倒成(　　)的斜角，且使端头处直径小于螺纹内径。

(A)15°～30° (B)45° (C)60° (D)75°

100. 一般半圆头铆钉伸出部分长度，应为铆钉直径的(　　)倍。

(A)0.8～1.2 (B)1.25～1.5 (C)1.5～2 (D)2～2.5

101. 埋头铆钉伸出部分长度，应为铆钉直径的(　　)倍。

(A)0.8～1.2 (B)1.25～1.5 (C)1.5～2 (D)2～2.5

102. 中小型机床的润滑，如钻床，普通车床等常选用(　　)号机械油。

(A)10 (B)20 (C)30 (D)50

103. 手锯起锯时，锯条与工件的角度约为(　　)左右，否则易崩裂齿。

(A)15° (B)30° (C)45° (D)60°

104. 在载荷的作用下，金属材料抵抗变形和破坏的能力叫(　　)。

(A)硬度 (B)韧性 (C)强度 (D)塑性

105. 将钢加热到临界温度以上，保温一段时间，然后缓慢冷却的过程叫(　　)。

(A)正火 (B)退火 (C)回火 (D)调质

106. 用 V 型面定位，限制了(　　)个自由度。

(A)3 (B)2 (C)4 (D)5

107. 在主剖面内，后刀面与切削平面之间的夹角称为(　　)。

(A)前角 (B)后角 (C)主偏角 (D)刃倾角

108. 为了防止三角带传动时打滑，常用传动比 i 应小于或等于(　　)。

(A)3 (B)5 (C)7 (D)10

109. 开口带传动时,两带轮的旋转方向(　　)。
(A)向左　(B)向右　(C)相同　(D)相反
110. 三角带传动时,两带轮的平面差应控制在(　　)mm 以内。
(A)2　(B)3　(C)4　(D)5
111. 两孔一面组合定位,限制了(　　)个自由度。
(A)3　(B)4　(C)5　(D)6
112. 粗加工时,切削液应选用以冷却为主的(　　)。
(A)切削油　(B)混合油　(C)乳化液　(D)硫化油
113. 齿轮传动比等于两齿轮齿数的(　　)。
(A)正比　(B)反比　(C)乘积　(D)和
114. 我国法定计算单位,长度的基本单位为(　　)。
(A)毫米(mm)　(B)厘米(cm)　(C)分米(dm)　(D)米(m)
115. 一对齿轮传动时,两齿轮的旋转方向是(　　)。
(A)相反的　(B)相同的　(C)任意的　(D)可以指定的
116. 在齿轮传动中若要使主动轮和从动轮转向相同,可在中间加入(　　)。
(A)张紧轮　(B)两个齿轮　(C)链轮　(D)惰轮
117. 要将旋转运动转换成平稳又能增力的直线运动可采用(　　)运动。
(A)齿轮齿条　(B)蜗杆　(C)螺旋　(D)齿轮与齿轮
118. 平键连接是依靠平键与键槽的(　　)接触传递扭矩。
(A)上平面　(B)上下平面　(C)下平面　(D)两侧面
119. 找正的目的,不仅是使加工表面与不加工表面之间保持尺寸均匀,同时可使各加工表面的(　　)。
(A)加工余量减小　(B)加工余量增加
(C)加工余量合理均匀分布　(D)加工余量接近零
120. 划线找正就是利用划线工具使零件在划线时,有关毛坯表面处于(　　)。
(A)垂直位置　(B)平行位置　(C)合适位置　(D)加工位置
121. 矫正和弯曲的操作,只适用于材料(　　)的零件。
(A)硬度较高　(B)强度较高　(C)塑性较好　(D)耐磨较好
122. 条料弯曲后,有一层材料长度不变,称为中性层。而内层材料受压应力而(　　)。
(A)缩短　(B)变宽　(C)伸长　(D)变窄
123. 火焰法矫正是使材料(　　)后产生变形,来达到矫正的目的。
(A)伸长　(B)压缩　(C)弯曲　(D)热胀冷缩
124. 液压系统中的压力大小决定于(　　)。
(A)油泵额定压力　(B)负载　(C)油泵流量　(D)液压油的质量
125. 一个或一组工人在一个工作地点,连续完成一个或几个零件的工艺过程中的某一部分称为(　　)。
(A)工序　(B)工步　(C)工艺　(D)工时
126. 为保持液压系统油液清洁,应采用(　　)。
(A)净化过的油箱　(B)净化过的油液　(C)滤油器　(D)经常更换油液

127. 要使油缸来回速度和推力相等,应采用(　　)油缸。
(A)双作用　(B)单作用　(C)双活塞杆　(D)单活塞杆
128. 任何一个未被约束的物体,在空间有进行(　　)种运动的可能。
(A)四　(B)五　(C)六　(D)八
129. 决定某种定位方法属几点定位,主要根据(　　)。
(A)有几个支承点与工件接触　(B)工件被消除几个自由度
(C)工件需要消除几个自由度　(D)夹具采用几个定位元件
130. 划线时,选用未经过切削加工的毛坯面做基准,其使用次数只能为(　　)。
(A)一次　(B)二次　(C)三次　(D)四次
131. 基准就是零件上用来确定其他点、线、面位置的(　　)。
(A)尺寸　(B)中心　(C)依据　(D)条件
132. 金属零件经(　　)后,能增加零件硬度。
(A)退火　(B)淬火　(C)回火　(D)正火
133. 钢件或铝合金工件钻孔时,一般选用(　　)作冷却液。
(A)煤油　(B)柴油　(C)豆油　(D)乳化液
134. 千斤顶是一种简单的起重工具,其顶升高度一般为(　　)mm。
(A)50～100　(B)100～300　(C)500～800　(D)1 000 以上
135. 在三视图的方法关系中,主视图反映出物体的上、下、左(　　)位置关系。
(A)右　(B)前　(C)后
136. 局部剖视以(　　)为界。
(A)细实线　(B)波浪线　(C)粗实线　(D)点划线
137. 假想用剖切平面将零件的某处切断,仅画出断面的图形,称为(　　)。
(A)剖视图　(B)全剖视图　(C)半剖视图
138. 移出剖面的轮廓线用(　　)画出。
(A)细实线　(B)点划线　(C)粗实线　(D)双点划线
139. 重合剖面的轮廓线用(　　)绘制。
(A)粗实线　(B)点划线　(C)细实线　(D)波浪线
140. 外螺纹的牙顶(大径)及螺纹终止线用(　　)表示。
(A)粗实线　(B)细实线　(C)点划线　(D)波浪线
141. 内螺纹在螺孔作剖视时,牙底(大径)为(　　),牙顶(小径)及螺纹终止为粗实线。
(A)细实线　(B)粗实线　(C)点划线　(D)虚线
142. 在标准螺纹的标记中,普通螺纹特征代号为(　　)。
(A)G　(B)S　(C)ZM　(D)M
143. 内螺纹在不作剖视时,牙底、牙顶和螺纹终止线皆为(　　)。
(A)细实线　(B)虚线　(C)点划线　(D)粗实线
144. 在零件图中,当采用公差代号标注线性尺寸的公差时,公差带代号应注在基本尺寸的(　　)边。
(A)左　(B)右　(C)上　(D)下
145. 尺寸公差值是(　　)。

(A)绝对值 (B)正值 (C)负值 (D)代数值

146. 标准公差数值由(　　)确定。

(A)基本尺寸和基本偏差 (B)基本尺寸和公差等级

(C)基本偏差和公差等级 (D)基本尺寸和基本偏差值

147. 基本尺寸相同、相互结合的孔和轴公差之间的关系称为(　　)。

(A)配合 (B)间隙配合 (C)过盈配合 (D)过渡配合

148. (　　)是形状公差的两个项目。

(A)直线度、平行度 (B)圆度、同轴度 (C)圆度、圆柱度 (D)圆跳动、全跳动

149. 图样上给定的形状公差与尺寸公差相互无关,分别满足要求称为(　　)原则。

(A)独立 (B)相关 (C)最大实体 (D)包容

150. 通用结构钢采用代表屈服点的拼音字母(　　),屈服点数值(单位为 MPa)和规定的质量等级、脱氧方法等符号表示。

(A)H (B)T (C)Q (D)R

151. 金属材料在冲击力的作用下仍保持不破裂的能力称为(　　)。

(A)韧性 (B)塑性 (C)抗疲劳性 (D)弹性

152. 伸长率符号为(　　)。

(A)ψ (B)σ_b (C)δ (D)F

153. 将钢加热到一定温度,经保温后快速在水(或油中)冷却的热处理方法称(　　)。

(A)正火 (B)淬火 (C)退火 (D)回火

154. 链传递效率较高一般可达(　　)。

(A)0.95～0.97 (B)0.90～0.92 (C)0.85～0.87 (D)0.98～0.99

155. 齿轮传动的最重要的要求之一就是传动比(　　)。

(A)恒为常数 (B)不确定 (C)大于零 (D)大于 1

156. 在模数和压力角相同时,齿数越多,齿廓曲线就越趋(　　)。

(A)弯曲 (B)平直 (C)光滑 (D)近基圆

157. 关于模数 m 说法正确的是:(　　)。

(A)是齿轮几何尺寸计算中最基本的一个参数

(B)其大小对齿轮的承载能力无影响

(C)一定时,齿轮的几何尺寸与齿数无关

(D)$m=p/n$ 是一个无理数,符合计算要求

158. 万能分度头蜗杆副的啮合间隙应保持在(　　)mm 范围内。

(A)0.10～0.30 (B)0.001～0.005 (C)0.02～0.04 (D)0.03～0.05

159. W6M$_0$5C$_r$4V2A1 是(　　)高速钢。

(A)特殊用途 (B)新型 (C)通用 (D)较好

160. W18C$_r$4V 是钨系高速钢,属于(　　)高速钢。

(A)特殊用途 (B)新型 (C)通用 (D)较好

三、多项选择题

1. 一对相互啮合的齿轮,其(　　)必须相等才能正常传动。

(A)齿数　(B)模数　(C)齿形角　(D)分度圆直径

2. 机床照明灯应选(　　)V 电压供电。

(A)220　(B)110　(C)36　(D)24

3. 根据孔、轴配合的公差等级规定,配合不正确的有(　　)。

(A)H7/g5　(B)H5/G5　(C)H7/r8　(D)H9/d9

4. 可作渗碳零件的钢材是(　　)。

(A)08　(B)20　(C)40Cr　(D)55

5. 发生电器火灾时,应选用(　　)灭火。

(A)水　(B)砂　(C)普通灭火器　(D)二氧化碳

6. 直径为(　　)的麻花钻是直柄的。

(A)12 mm　(B)10 mm　(C)15 mm　(D)16 mm

7. 常用的钨钛钴类硬质合金的牌号(　　),适宜加工塑性金属材料。

(A)P01　(B)P10　(C)K01　(D)K10

8. 切削运动分为(　　)。

(A)主运动　(B)加速运动　(C)进给运动　(D)减速运动

9. 麻花钻螺旋槽的作用是(　　)。

(A)构成切削刃　(B)排出切屑　(C)导向　(D)定心

10. 麻花钻柄部的作用是(　　)。

(A)构成切削刃　(B)导向　(C)夹持定心　(D)传递扭矩

11. 车工常用的切削液一般是(　　)。

(A)切削油　(B)乳化液　(C)水　(D)柴油

12. 切削液的作用是(　　)。

(A)冷却　(B)润滑　(C)清洗　(D)切削

13. 切削(　　)时,不宜采用含硫的切削液,以免工件受到腐蚀。

(A)有色金属　(B)铜合金　(C)钢　(D)铸铁

14. 切削用量是表示(　　)大小的参数。

(A)主运动　(B)进给运动　(C)切削力　(D)切削温度

15. 钢铁材料是由(　　)、锰以及磷、硫等杂质元素所组成的金属材料。

(A)铁　(B)碳　(C)钠　(D)硅

16. 测量硬度的方法有(　　)。

(A)布氏法　(B)里氏法　(C)洛氏法　(D)纳氏法

17. 根据工艺的不同,钢的热处理方法可分为(　　)、淬火、回火及表面处理等。

(A)磷化　(B)退火　(C)正火　(D)电镀

18. 在已加工表面划线时采用的蓝色涂料,其成分由(　　)和 91%～95%的酒精组成。

(A)2%～4%龙胆紫　(B)3%～5%生胶漆

(C)3%～5%汽油　(D)2%～4%煤油

19. 进行零件划线时,除必备的平台、V 形架、方箱外,所用的工具还有圆规、冲子、(　　)和高度尺或游标高度尺。

(A)划线盘　(B)划针　(C)錾子　(D)石笔

20. 砂轮由(　　)、气孔等部分组成。

(A)磨料　(B)结合剂　(C)铁粉　(D)钢粉

21. 铸铁件因其耐磨性、减振性比钢件好且价廉,常用来制作机床的(　　)。

(A)主轴　(B)床身　(C)主轴箱　(D)齿轮

22. 机床型号应该反映出机床的类别、使用与结构特性和(　　)。

(A)主要技术参数　(B)刀架规格　(C)主要规格　(D)尾座规格

23. 硬质合金按化学成分不同分为三类,即(　　)、钨钛钽(铌)钴类。

(A)钨铁类　(B)钨钴钛类　(C)钨钴类　(D)钴钢类

24. 机械制造中所使用的基准可分为(　　)。

(A)设计基准　(B)定位基准　(C)测量基准　(D)制造基准

25. 加工后工件表面发生的表面硬化是由于金属与刀具后刀面的强烈(　　)变形造成的。

(A)摩擦　(B)挤压　(C)剪切　(D)断裂

26. 切削用量是衡量切削运动大小的参数,包括(　　)。

(A)切削速度　(B)切削深度　(C)进给量　(D)切削力

27. 机床夹具是由(　　)组成的。

(A)夹具体　(B)定位装置　(C)夹紧装置　(D)辅助装置

28. 工件材料越硬时,(　　)时,易产生崩碎切削。

(A)刀具前角越小　(B)刀具前角越大　(C)切削厚度越大　(D)切削厚度越小

29. 切屑的种类有挤裂切屑、单元切屑和(　　)切屑。

(A)带状　(B)崩碎　(C)粉末　(D)粒状

30. 影响工件表面粗糙度的因素有(　　)。

(A)残留面积　(B)积屑瘤　(C)振动　(D)环境温度

31. 标准公差与(　　)有关。

(A)基本尺寸分段　(B)公差大小　(C)公差等级　(D)上偏差

32. 螺纹的要素有牙形、外径、(　　)。

(A)螺距　(B)头数　(C)精度　(D)旋向

33. 三检制就是操作者的(　　)和专职检验员的"专检"相结合的检验制度。

(A)自检　(B)互检　(C)巡检　(D)交检

34. 链传动主要应用在(　　)及传递功率较大的场合中。

(A)两轴垂直　(B)两轴平行　(C)中心距较大　(D)中心距较小

35. 熔断器应串接在主电路和控制电路中,起到(　　)保护的作用。

(A)短路　(B)停电　(C)过载　(D)断路

36. 为了保证工件达到图纸的精度和技术要求,应检查夹具定位基准与(　　)是否重合。

(A)设计基准　(B)测量基准　(C)精基准　(D)粗基准

37. 评定材料加工性能的主要指标是(　　)。

(A)刀具耐用度指标　(B)加工表面粗糙度指标

(C)工件尺寸精度指标　(D)工件位置精度指标

38. 切屑的形成过程可经历(　　)等阶段。

(A)挤压阶段　(B)滑移阶段　(C)挤裂阶段　(D)分离阶段

39. 选择测量器具时主要应考虑其(　　)。

(A)规格指标　(B)精度指标　(C)重量指标　(D)操作指标

40. 我国劳动保护三结合管理体制是由(　　)等方面结合起来组成。

(A)国家监察　(B)行政管理　(C)自我管理　(D)群众监督

41. 车工在工作中应佩戴(　　)。

(A)工作帽　(B)护腕　(C)护眼镜　(D)口罩

42. 金属材料的性能主要有(　　)。

(A)物理性能　(B)化学性能　(C)力学性能　(D)工艺性能

43. 工件材料的强度相同时,(　　)的工件材料,切削加工性差。

(A)塑性小　(B)塑性大　(C)韧性大　(D)韧性小

44. 零件的毛坯有(　　)。

(A)铸件　(B)锻件　(C)焊件　(D)型材

45. 零件在(　　)中,用来作为依据的那些点、线、面叫做工艺基准。

(A)加工　(B)测量　(C)设计　(D)装配

46. 属于形状公差的是(　　)。

(A)直线度　(B)平面度　(C)圆度　(D)平行度

47. 属于位置公差的是(　　)。

(A)垂直度　(B)圆柱度　(C)同轴度　(D)位置度

48. 属于过渡配合的是(　　)。

(A)H6/f5　(B)H6/k5　(C)H6/n5　(D)H6/m5

49. 属于过盈配合的是(　　)。

(A)H6/p5　(B)H6/h5　(C)H6/s5　(D)H6/js5

50. 属于中碳钢的是(　　)。

(A)20　(B)40Cr　(C)45　(D)T8

51. 切削液的作用是(　　)。

(A)冷却　(B)润滑　(C)清洗　(D)切削

52. 切削(　　)时,不宜采用含硫的切削液,以免工件受到腐蚀。

(A)有色金属　(B)铜合金　(C)钢　(D)铸铁

53. 减小表面粗糙度的措施有(　　)。

(A)减少副偏角　(B)减小走刀量

(C)增大副偏角　(D)减小修光刃圆弧半径

54. 前角增大,(　　),切削温度下降,但不宜过大。

(A)切削变形增加　(B)切削力增大　(C)切削变形减小　(D)切削力降低

55. 切削用量是表示(　　)大小的参数。

(A)主运动　(B)进给运动　(C)切削力　(D)切削温度

56. 常用的刀具材料有(　　)。

(A)高速钢　(B)硬质合金　(C)高碳钢　(D)高锰钢

57. 一对相互啮合的齿轮,其(　　)必须相等才能正常传动。

(A)齿数 (B)模数 (C)齿形角 (D)分度圆直径

58. 机床照明灯应选(　　)V电压供电。

(A)220 (B)110 (C)36 (D)24

59. 前角增大能使车刀(　　)。

(A)刀口锋利 (B)切削省力 (C)排屑顺利 (D)加快磨损

60. 车削(　　)材料时，车刀可选择较大的前角。

(A)软 (B)硬 (C)塑性 (D)脆性

61. 主轴的旋转运动通过交换齿轮箱、进给箱、(　　)、溜板箱的传动，使刀架作直线进给运动。

(A)丝杠 (B)控制杠 (C)光杠 (D)螺杆

62. 进给箱内的轴承还可用(　　)润滑。

(A)浇油 (B)齿轮溅油法 (C)油绳 (D)油脂杯

63. 由于(　　)的转速较高，润滑条件较差，必须每班次加油。

(A)丝杠 (B)光杠 (C)主轴 (D)控制杆

64. 车床类分为10个组，其中6代表(　　)车床组。

(A)落地 (B)立式 (C)万能 (D)卧式

65. 45°车刀的(　　)都等于45°。

(A)楔角 (B)刀尖角 (C)副偏角 (D)主偏角

66. 中心孔在各工序中(　　)。

(A)能重复使用 (B)不能重复使用

(C)定位精度发生变化 (D)定位精度不变

67. 小锥度心轴的锥度一般为(　　)。

(A)1∶1 000～1∶3 000 (B)1∶3 000～1∶5 000

(C)1∶20 (D)1∶16

68. 螺纹车刀的刀尖圆弧太大，会使车出的三角形螺纹底径太宽，造成(　　)。

(A)螺纹环规通端旋进 (B)螺纹环规通端旋不进

(C)螺纹环规止规旋不进 (D)螺纹环规止规旋进

69. 使用砂布抛光工件时，(　　)。

(A)移动速度应低些 (B)移动速度要均匀

(C)转速应高些 (D)转速要慢些

70. 三角形螺纹的螺距一般为(　　)可以采用高速车削螺纹。

(A)2 mm (B)1 mm (C)4 mm (D)2.5 mm

71. 形状公差有(　　)。

(A)直线度 (B)平面度 (C)垂直度 (D)对称度

72. 属于安全电压的有(　　)V。

(A)42 (B)36 (C)24 (D)12

73. 常见的机构有(　　)。

(A)平面连杆机构 (B)凸轮机构 (C)简谐运动机构 (D)星轮机构

74. 扩孔或镗孔的目的，是(　　)。

(A)提高孔的尺寸精度　(B)提高加工效率
(C)降低孔的表面粗糙度　(D)加工容易

75. 精加工中,防止刀具上积屑瘤的形成,从切削用量的选择上应(　　)。
(A)加大切削深度　(B)加大进给量
(C)尽量使用很低切削速度　(D)尽量使用很高的切削速度

76. 当车刀的主偏角由45°改变为75°时,切削过程会出现(　　)。
(A) 轴向力增大　(B)径向力减小　(C)径向力增大　(D)轴向力减小

77. 常见的铸铁材料有(　　)。
(A)灰口铸铁　(B)白口铸铁　(C)可锻铸铁　(D)球墨铸铁

78. 常用热处理方法有(　　)。
(A)退火　(B)淬火　(C)调质　(D)渗碳

79. 皮带传动的特点(　　)。
(A)无噪声　(B)效率高　(C)成本低　(D)寿命短

80. 车床上脱落蜗杆机构是防止(　　)的机构。
(A)过载　(B)自动断开进给运动
(C)蜗杆脱落　(D)丝母脱落

81. 文明生产是指在遵章守纪的基础上去创造(　　)而又有序的生产环境。
(A)整洁　(B)安全　(C)舒适　(D)优美

82. 以工件顶尖孔定位的车床夹具有(　　)。
(A)顶尖　(B)弯板　(C)花盘　(D)拨盘

83. 以工件外圆柱面定位的车床夹具有(　　)。
(A)三爪自定心卡盘　(B)四爪单动卡盘
(C)弹性夹头　(D)拨盘

84. 以工件内孔定位的车床夹具有(　　)。
(A)弯板　(B)花键心轴　(C)各种弹性心轴　(D)刚性心轴

85. 用于加工非回转体的车床夹具有(　　)。
(A)顶尖　(B)弯板　(C)花盘　(D)拨盘

86. 车螺纹时产生扎刀主要原因是(　　)。
(A)车刀前角太大　(B)中滑板丝杆间隙较大
(C)切削用量选择太大　(D)工件刚性差

87. 金属材料的性能主要有(　　)。
(A)物理性能　(B)化学性能　(C)力学性能　(D)工艺性能

88. 工件材料的强度相同时,(　　)的工件材料,切削加工性差。
(A)塑性小　(B)塑性大　(C)韧性大　(D)韧性小

89. 零件的毛坯有(　　)。
(A)铸件　(B)锻件　(C)焊件　(D)型材

90. 零件在(　　)中,用来作为依据的那些点、线、面叫做工艺基准。
(A)加工　(B)测量　(C)设计　(D)装配

91. 制定工艺规程的目的主要是(　　)。

(A)充分发挥机床的效率　(B)减少工人的劳动强度
(C)指导工人的操作　(D)便于组织生产和实施工艺管理
(E)按时完成生产计划　(F)改善工人的劳动条件

92. 工艺规程的主要内容有(　　)。
(A)毛坯的材料、种类及外形尺寸　(B)零件的加工工艺路线
(C)各工序加工的内容和要求　(D)采用的设备及工艺装备
(E)工件质量的检查项目和方法　(F)切削用量、工时定额和工人技术等级

93. 确定工序尺寸及其加工余量的主要方法有(　　)等。
(A)分析计算法　(B)集体讨论法　(C)经验估算法　(D)查表修正法

94. 粗车时,选择切削用量的原则一般是(　　)。
(A)以保证质量为主　(B)兼顾生产效率
(C)以提高生产效率为主　(D)兼顾刀具的寿命

95. 半精车、精车选择切削用量时,主要考虑保证(　　)。
(A)加工精度　(B)表面质量　(C)生产效率　(D)刀具的寿命

96. 产生定位误差的主要原因是(　　)。
(A)基准重合　(B)基准不重合
(C)基准位置移动　(D)夹具基础件精度较低

97. 定位基准的位移误差主要是由(　　)造成的。
(A)夹具支承件精度太低　(B)工件制造误差较大
(C)夹紧件制造误差大　(D)定位元件制造误差较大

98. 获得加工零件相互位置精度,主要由(　　)来保证。
(A)刀具角度　(B)机床精度　(C)夹具精度
(D)工件安装精度　(E)加工工艺方法

99. 获得加工零件的形状精度,主要由(　　)来保证。
(A)刀具角度　(B)机床精度　(C)夹具精度
(D)工件安装精度　(E)加工工艺方法

100. 适于在花盘角铁上装夹的零件是(　　)。
(A)轴承座　(B)减速器壳体　(C)双孔连杆　(D)环首螺钉

四、判 断 题

1. 锯床工在操作中严禁戴手套。(　　)
2. 切削液的主要作用是降低温度和减少摩擦。(　　)
3. 以冷却为主的切削液都呈碱性。(　　)
4. 乳化液的比热容小,黏度小,流动性好,主要起润滑作用。(　　)
5. 乳化液主要用来减少切削过程中的摩擦和降低切削温度。(　　)
6. 选用切削液时,粗加工应选用以冷却为主的乳化液。(　　)
7. 切削铸铁等脆性材料时,为了减少粉末状切屑,需用切削液。(　　)
8. 刀具材料必须具有相应的物理、化学及力学性能。(　　)
9. 为了延长刀具寿命,一般选用韧性好、耐冲击的材料。(　　)

10. 红硬性是刀具材料在高温下仍能保持其硬度的特性。(　　)

11. 耐热性的综合指标包括高温硬度、高温强度和韧度、高温黏结性及高温化学稳定性等。(　　)

12. 切削热主要由切屑、工件、刀具及周围介质传导出来。(　　)

13. 切削运动中,速度较高、消耗切削功率较大的运动是主运动。(　　)

14. 零件图上的技术要求是指写在图样上的说明文字。(　　)

15. 我国规定的锥度符号是▷。(　　)

16. 扇形万能角度尺可以测量0°～360°范围内的任何角度。(　　)

17. 我国制图标准中,剖视图分为全剖视图、半剖视图和局部剖视图三类。(　　)

18. 以中心线为界,一半画成剖视,另一半画成视图,称为半剖视图。(　　)

19. 尺寸公差是指允许尺寸的变动量。(　　)

20. 钢中的杂质元素中,硫使钢产生热脆性,磷使钢产生冷脆性,因而硫、磷是有害元素。(　　)

21. 金属材料传导热量的能力成为导热性。(　　)

22. 灰铸铁的牌号用QT表示,球墨铸铁的牌号有HT表示。(　　)

23. 碳素工具钢的含碳量都在0.60%以上,而且都是优质钢。(　　)

24. 对零件划线是为了在加工时零件上有明确的尺寸界线。(　　)

25. 机床上常用齿轮的齿廓是渐开线。(　　)

26. 按划线加工就能保证零件位置精度要求。(　　)

27. 机床电路中,为了起到作用,熔断器应装在总开关的前面。(　　)

28. 我国动力电路的电压是380 V。(　　)

29. 为了保证安全,机床电器的外壳必须要接地。(　　)

30. 锉削时在锉齿面上涂上一层粉笔末,以防锉削屑滞塞在锉齿缝里。(　　)

31. 螺纹既可用于连接、紧固及调节,又可用来传递动力或改变运动形式。(　　)

32. M16×1.5是左旋螺纹。(　　)

33. 加工脆性材料,切削速度应减小,加工塑性材料,切削用量可相应增大。(　　)

34. 高处作业是在坠落高度基准面2 m以上(含2 m),有可能坠落的高处进行的作业。(　　)

35. 企业三级安全教育是指厂级、车间级、班组级。(　　)

36. 事故是意外的灾祸和损失,是不可以避免。(　　)

37. 安全装置是为预防事故所设置的各种检测控制、联锁、防护、报警等仪表仪器的总称。(　　)

38. 防护用品是为防止外界伤害或职业性毒害而佩戴使用的各种用具总称。(　　)

39. 一张完整的零件图包括,一组视图、完整的尺寸、必要的技术要求和标题栏。(　　)

40. 退火与回火都可以消除钢中的应力,所以在生产中可以通用。(　　)

41. 淬火过程中常用的冷却介质有水、油、盐或碱水溶液。(　　)

42. "未注公差尺寸"表示该尺寸无公差要求。(　　)

43. 一般来说,硬度高的材料,耐磨性也好。(　　)

44. 零件的最大极限尺寸一定大于零件的基本尺寸。(　　)

45. 切削脆性材料时,最易出现刀具前面磨损。(　　)

46. 铸钢比铸铁的铸造性能差。(　　)

47. 为了使主轴箱有足够的润滑油,应把油标孔全部加满。(　　)
48. 让个人利益服从集体利益就是否定个人利益。(　　)
49. 忠于职守的含义包括必要时应以身殉职。(　　)
50. 市场经济条件下,首先是讲经济效益,其次才是精工细作。(　　)
51. 质量与信誉不可分割。(　　)
52. 将专业技术理论转化为技能技巧的关键在于凭经验办事。(　　)
53. 敬业是爱岗的前提,爱岗是敬业的升华。(　　)
54. 厂规、厂纪与国家法律不相符时,职工应首先遵守国家法律。(　　)
55. 道德建设属于物质文明建设范畴。(　　)
56. 维修过程中产生的废弃物不可乱扔。(　　)
57. 维修场地工具料件应摆放有序,位置合适。(　　)
58. 电气维修能满足生产使用即可。(　　)
59. 设备大修后不必进行质量验收。(　　)
60. 为了使齿轮式离合器能顺利啮合分离,齿轮端面应倒成圆角。(　　)
61. 矩形牙嵌式离合器,接通或拆开方便,因此适用于频繁分合的场合。(　　)
62. 钻削时,钻孔深度既为切削深度。(　　)
63. 机修钳工修理的对象主要分动力机械和工作机械。(　　)
64. 在毛坯工件上划线时,应以待加工表面为划线基准。(　　)
65. 配锉的方法,是将相配的两个零件,分别锉到符合图纸要求。(　　)
66. 用手锯锯割管子时,应选粗齿锯条,这样可加快锯割速度。(　　)
67. 金属材料较软或钻头直径较小时,则切削速度可以适当选得低一些。(　　)
68. 触电的危险程度完全取决于通过人体的电流大小。(　　)
69. 发现有人触电时,应立即请示领导再拉电源开关。(　　)
70. 对触电人进行抢救,在现场禁止注射强心针。(　　)
71. 麻花钻顶角一般取(118±2)°。(　　)
72. 钳工攻螺纹和套螺纹,主要是三角形螺纹。(　　)
73. 安装锯条时,锯齿向前方,并应尽量使锯条拉紧。(　　)
74. 砂轮机托架与砂轮间的距离应大于 3 mm。(　　)
75. 量块、水平仪、百分表等都属于常用量仪。(　　)
76. 安装锯条不仅要注意齿尖方向,还要注意松紧程度。(　　)
77. 万能角度尺可以测量 0°～360°的任何角度。(　　)
78. 一个工步中常包括一个或几个工序。(　　)
79. 滚动轴承在装配前一定要用毛刷、棉纱进行清洗,只有这样才能清洗干净。(　　)
80. 双螺母锁紧防松装置属于机械防松的装置。(　　)
81. 松键连接的对中性比紧键连接的对中性好。(　　)
82. 普通圆锥销主要用于定位,也可用于连接。(　　)
83. 安装 V 带时,应先将 V 带套在大带轮槽中,然后再套在小带轮上。(　　)
84. 链传动机构适用于距离较近的两轴之间的传动。(　　)
85. 机械设备拆卸时,应该按照和装配时相同的顺序进行。(　　)

86. 对设备进行日常检查，目的是及时发现不正常现象并加以排除。（　　）
87. 润滑油的牌号用数字表示，数值越大，黏度越高。（　　）
88. 过盈配合的零件连接，一般不宜在装配后再拆下重装。（　　）
89. 螺纹的螺距越小，则螺纹的精度越高。（　　）
90. 所有的材料都能进行校直与弯形加工。（　　）
91. 拧紧按圆形或方形分布的成组螺母时，必须对称地进行操作。（　　）
92. 整体式滑动轴承损坏时，一般都采用修复的方法。（　　）
93. 螺纹防松的目的，就是防止摩擦力矩减小和螺母回转。（　　）
94. 普通楔键连接时，键的上下两面是工作面，键侧与键槽有一定的间隙。（　　）
95. 装配紧键时，要用涂色法检查键的两侧面与轴槽与毂槽的接触情况。（　　）
96. 使用砂轮时，砂轮的正确旋转方向是使磨屑向上方飞离砂轮的方向。（　　）
97. 用游标卡尺测量工件时。测力过大或过小均会增大测量误差。（　　）
98. 分度头的主要规格是以顶尖（主轴）中心线到底面的高度（mm）表示的。（　　）
99. 钻孔时钻头的轴向移动是主运动。（　　）
100. 錾削平面时，在接近尽头处应调头錾去余下部分，这样可避免工件边崩裂。（　　）
101. 尺寸链是图样中有关尺寸首尾相接连成的一个尺寸封闭图。（　　）
102. 滚动轴承的内圈与轴的配合应为基轴制，外圈与轴承孔配合为基孔制。（　　）
103. 使用台虎钳进行强力作业时，应尽量使力量朝向活动钳身。（　　）
104. 为了合理保养千分尺、百分表等精密量仪，应在其测量杆上涂上防锈油，以防生锈。（　　）
105. 对大批量的相同工件划线时，可采用仿形划线。（　　）
106. 丝锥的校正部分具有完整的齿形，切削部分磨有锥角。（　　）
107. 零件的尺寸公差可以为正、负和零。（　　）
108. 在装配尺寸链中，最后形成的一个环是组成环。（　　）
109. 台式钻床简称台钻，它实质上是一种小型立式钻床。（　　）
110. 机床导轨材料常用 A3 钢。（　　）
111. 钢材进行退火处理是为了消除材料的弹性。（　　）
112. 三爪盘在装夹工件时能径向自动定心。（　　）
113. 产生皮带打滑的原因是皮带与带轮间摩擦力不足。（　　）
114. 两带轮中心距越大，小带轮的包角也越大。（　　）
115. 使用钻床时，可以戴手套，以防铁屑扎手。（　　）
116. 百分尺是利用螺旋传动原理制成的一种测量与检验零件尺寸的精密量具。（　　）
117. 锥体的母线与轴线之间的夹角叫做锥度。（　　）
118. 普通圆锥销与连接件的配合是 1∶50 的锥度。（　　）
119. 伸张法矫正一般适用于矫正棒料。（　　）
120. 延展法矫正适用矫正受扭曲变形的条料。（　　）
121. 套丝时要加冷却润滑液，以保证螺纹的表面粗糙度和延长扳牙寿命。（　　）
122. 攻不通孔螺纹时，底孔的钻孔深度要等于所需的螺孔深度。（　　）
123. 百分表在使前，应检查，校对零位，使用时，量杆行程长短应符合测距要求。（　　）
124. 用一个剖切面将零件或装配体完全剖开，得到的视图叫半剖视图。（　　）

125. 滑动轴承是用轴承钢制成的。(　　)
126. 机械油是一种矿物油,在机械设备的润滑中占有重要地位。(　　)
127. 钠基润滑脂具有良好的抗水性,遇水不易乳化,适于在潮湿工作条件下。(　　)
128. 二硫化铝是一种固体润滑剂。(　　)
129. 灰铸铁有较高的韧性和塑性,因此在工业中用途最广,其断面呈暗灰色。(　　)
130. 可锻铸铁,俗称马口钢,可以进行锻压加工。(　　)
131. 平面度,平行度,跳动,直线度均为形状公差。(　　)
132. 常用錾子的材料一般都是高速钢。(　　)
133. 任何人在生产中都不可随意改变工艺流程及加工方法。(　　)
134. 要得到一个合格的零件,只可采用一种加工方法。(　　)
135. 工件应在夹紧后定位。(　　)
136. 用划针或百分表对工件进行找正,也是对工件进行定位。(　　)
137. 直线找正装夹只能用于毛坯表面。(　　)
138. 带传动具有过载保护作用,可避免其他零件的损坏。(　　)
139. 三角带传动比平型带传动能力大。(　　)
140. 带传动时,为防止伤人,必须设置安全防护罩。(　　)
141. 链传动不宜使用在两轴垂直位置的场合。(　　)
142. 链传动,因不怕淋油,因此不要加设防护罩。(　　)
143. 齿轮传动的平稳性不如带传动。(　　)
144. 齿条齿轮传动,只能将齿轮的旋转运动通过齿条转变为直线运动。(　　)
145. 一对相互啮合的齿轮,它们的渐开线形状必须相同。(　　)
146. 齿顶圆越大,它的模数也就越大。(　　)
147. 蜗杆传动是指蜗杆和蜗轮的啮合传动。(　　)
148. 蜗杆转动一转,蜗轮必定相应转过一个齿。(　　)
149. 螺杆转动时,只能将螺杆的旋转运动变成螺母的直线运动。(　　)
150. 要将旋转运动转变为直线运动,只能采用齿轮齿条传动。(　　)
151. 联轴器可满足两根传动轴随时结合和分离的要求。(　　)
152. 联轴器只有在机器停止运动时,才能拆卸了,将两轴分开。(　　)
153. 摩擦离合器不仅能平稳地结合和分离,而且具有过载保护作用。(　　)
154. 液压千斤顶不仅能顶起重物,而且是一个力的放大机构。(　　)
155. 进入油缸的流量越大,则油缸的推力就越大。(　　)
156. 油泵是将机械能转变为液压能的装置。(　　)
157. 油缸是将机械能转变为液压能的装置。(　　)
158. 畸形工件由于形状奇特,故可以不必按基准进行划线。(　　)
159. 特殊工件划线时,合理选择划线基准,安放位置和找正面,是做好划线工作的关键。(　　)
160. 机床的大修精度是在动态下通过检验后得出。(　　)
161. 在切削用量中,对刀具磨损影响最大的是切削速度。(　　)
162. 根据应用场合不同,基准可分为设计基准和定位基准两类。(　　)

163. 弯曲半径和被弯曲材料的厚度之比，比值越大，组圆越小。（　　）
164. 带垫圈的螺帽，适用于接触面对轴线偏斜的场合。（　　）
165. 锥销的名义直径是指大端的直径。（　　）
166. 锯条规格按锯齿齿距分为粗齿、中齿、细齿三种。（　　）
167. 麻花钻顶角影响主切削抗力的大小，顶角越小，则轴向抗力越小。（　　）
168. 丝锥是由合金工具钢或高速钢经热处理硬化制成。（　　）
169. 刮削常用于修理和装配工作中，修整精度较高的封闭尺寸链场合。（　　）
170. 为保证销孔中心重合，通常两孔应分别钻铰。（　　）
171. 带传动是依靠传动带对带轮的压力来传递运动的。（　　）
172. 导轨面拖研时，一般应以长面为基准拖研短面，这样易于保证拖研精度。（　　）
173. 平衡就是在砂轮或旋转件未装上机床之前，消除其在径向位置上的偏重。（　　）
174. 钳工台上使用的照明电压不得超过 36 V。（　　）
175. 对长径比较小的高速旋转件中，只需进行静平衡。（　　）
176. 机床导轨面的接触点数越多越好，精密机床的接触点数在 25 点/25 mm×25 mm 以上。（　　）
177. 螺旋机构是用来将直线运动转变为旋转运动的机构。（　　）
178. 活塞上止点与下止点之间的距离称为活塞行程。（　　）
179. 液体沸腾时保持不变的温度，叫沸点。（　　）
180. 带传动中，由于采用同一根三角带，因此，从动轮和主动轮的槽形角必须相等。（　　）
181. 链传动是依靠啮合力传动，因此瞬时传动比很正确。（　　）
182. 齿轮传动是利用一定齿形的刚性来传递功率的，所以结构紧凑，使用寿命长。（　　）
183. 蜗杆传动时，蜗轮一定是主动件，蜗杆一定是从动件。（　　）
184. 若要改变牛头刨床工作台的进给方向，只能改变电机转向。（　　）

五、简答题

1. 锯床一般分为哪三类？
2. 什么叫带锯床？
3. 什么叫卧式带锯床？
4. 什么叫立柱卧式带锯床？
5. 什么叫立式带锯床？
6. 什么叫圆锯床？
7. 什么叫卧式圆锯床？
8. 什么叫立式圆锯床？
9. 什么叫摆式圆锯床？
10. 什么叫弓锯床？
11. 影响锯带速度的因素有哪些？
12. 什么叫卧式弓锯床？
13. 圆锯片有哪几种结构型式？
14. 锯切速度过低会产生什么危害？

15. 为什么锯带背部会挤出台阶,形似T形 ?
16. 退火的目的是什么?
17. 什么是钢的退火? 包括哪些类型?
18. 什么是双金属带锯条?
19. 弓锯的正确使用方法是什么?
20. 可能会导致崩齿的原因是什么?
21. 双金属锯带的非正常损耗突出特点是什么?
22. 带锯床切削过程中,锯齿过早变钝,应采取哪些改进措施?
23. 带锯床切削过程中,锯带振动,应采取哪些改进措施?
24. 带锯床切削过程中,锯齿断裂,应采取哪些改进措施?
25. 带锯床切削后,工件表面太粗糙,应采取哪些改进措施?
26. 带锯床锯带过早断裂,应采取哪些改进措施?
27. 简述锯床的机械结构由几部分组成。
28. 砂轮切断有什么缺点?
29. 什么叫工艺基准?
30. 什么叫工艺规程?
31. 带锯条安装后怎样检查?
32. 切削过程中产生切削热的主要原因是什么?
33. 安装锯带的要求是什么?
34. 带锯床切削过程中,锯削效率太低,应采取哪些改进措施?
35. 研磨液在研磨过程中的主要作用是什么?
36. 锯床中使用切削液的目的是什么? 切削液与水的配比约为多少?
37. 什么叫锯床加工区? 试简述卧式带锯床加工区是什么。
38. 选择切削液的原则是什么?
39. 设备交接班是如何规定的?
40. 锯条的规格必须符合要求,锯条锯齿应根据材料形状与材质进行选择,选择原则是什么?
41. 更换锯条时应如何操作?
42. 出现异常状况如何排除?
43. 锯切较长坯料应如何操作?
44. 下班前该注意些什么?
45. 安装双金属带锯条时应注意什么?
46. 如何正确使用游标卡尺类量具?
47. 新锯条磨合,怎样操作?
48. 怎样防止因工件振动造成锯带崩齿?
49. 锯带的使用寿命影响因素有哪些?
50. 简述切削液的主要作用是什么。
51. 起锯角度都应在15°左右,为什么不能太大也不能太小?
52. 直槽齿的特点有哪些?

53. 根据作业流程，作业前需要从班长处领取物品和查阅的东西主要有哪些？
54. 为什么硬的材料比较难切？
55. 材料常用的硬度指标是什么？
56. 什么叫背吃刀量、进给量和切削速度？
57. 工件材料对切削力有什么影响？
58. 切削用量对切削热有什么影响？
59. 麻花钻的顶角一般为多少度？如果刃磨得不对称，会产生什么后果？
60. 什么叫定位？什么叫夹紧？
61. 切削过程中产生切削热的主要原因是什么？
62. 简述切削液的主要作用是什么。
63. 简述高速钢刀具有何特点及用途。
64. 简述硬质合金刀具有何特点及用途。
65. 简述刀具材料有哪些基本要求。
66. 简述减少工件表面粗糙度的方法。
67. 什么是轮廓算术平均偏差 Ra？
68. 什么叫金属切削过程？
69. K 类硬质合金（YG 类）有何特点？适合加工何种材料的工件？
70. P 类硬质合金（YT 类）有何特点？适合加工何种材料的工件？
71. M 类硬质合金（YW 类）有何特点？适合加工何种材料的工件？
72. 什么叫工艺基准？
73. 什么叫工艺规程？
74. 什么叫测量基准？
75. 什么叫标准公差？什么叫尺寸公差？

六、综 合 题

1. 试说明弓锯床的特点和适用范围。
2. 试说明圆锯床的特点和适用范围。
3. 试说明带锯床的特点和适用范围。
4. 如何安装带锯条？
5. 带锯条断裂的原因有哪些？
6. 带锯条断裂的预防措施有哪些？
7. 被锯断面垂直度超差的原因有哪些？
8. 带锯条寿命短的原因有哪些？
9. 带锯条寿命短的预防措施有哪些？
10. 直径 150 mm 的材料用 3 分钟切断，切削率是多少？
11. 45 号钢直径 150 mm，锯条速度 60 m/min，切削率 80 cm^2/min，切断时间是多少？
12. 锯切不锈钢时，应注意什么？
13. 操作锯床时，操作者应怎样穿戴？
14. 锯床操作前的准备包括什么？

15. 锯床工应具备哪些专业知识?
16. 锯床工应具备哪些实际操作能力?
17. 锯切时,震动的原因有哪些?
18. 锯切时,震动的解决措施有哪些?
19. 锯切时,锯背开裂的原因有哪些?
20. 锯切时,锯背开裂的解决措施有哪些?
21. 锯齿过早钝化的原因有哪些?
22. 锯齿过早钝化的解决措施有哪些?
23. 锯切时,切斜的原因有哪些?
24. 锯切时,切斜的解决措施有哪些?
25. GZK4232 带锯床的技术参数有哪些?
26. 锯床张紧装置的组成有哪些?
27. 调整锯床张紧装置时的注意事项有哪些?
28. 锯床的主要结构部件包括哪些?
29. 在工件端部有一个 25 mm×25 mm 的四方头,问四方头的外接圆直径是多少?
30. 已知主、左视图如图 1 所示,补俯视图。

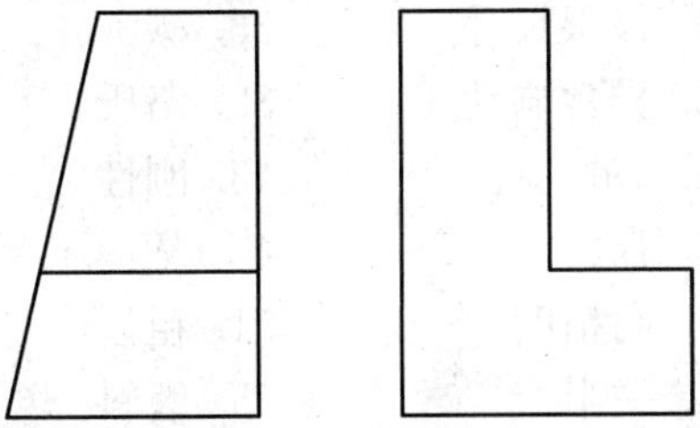

图 1

31. 表面粗糙度对机器零件的使用性能有哪些影响?
32. 对刀具材料有哪些基本要求?
33. 怎样合理选用切削液?
34. 孔轴配合的基本尺寸为 $\phi 40$ mm,孔的最大极限尺寸为 $\phi 40.025$ mm,最小极限尺寸为 $\phi 40$ mm,轴的最大极限尺寸为 $\phi 40.042$ mm,最小极限尺寸为 $\phi 40.026$ mm,求最大过盈和最小过盈各是多少?
35. 已知主、左视图如图 2 所示,补俯视图。

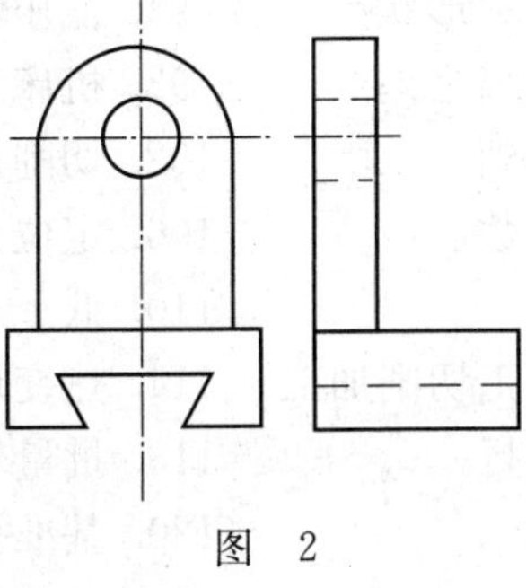

图 2

锯床工(初级工)答案

一、填 空 题

1. 喉深	2. 带锯条	3. 最大倾斜角度	4. 切削液
5. 切削液	6. 夹紧压力	7. 最小	8. 锯条
9. 距离之差	10. 防护装置	11. 维护保养	12. 安全保护装置
13. 手持活件	14. 跌落	15. 高速	16. 尺寸大小
17. 直线	18. 松紧	19. 直线	20. 距离之差
21. 铸铁	22. 冷却	23. 主运动	24. 翻身重新锯
25. 手套	26. 含硫	27. 锯轮	28. 进给量
29. 10 分钟	30. 粗齿	31. 硬度	32. 两个侧面
33. 操作证	34. 极限尺寸	35. 碳	36. 跑合
37. 含碳量	38. 异常响动	39. 洛氏	40. 油封
41. 表面	42. 15°	43. 刚性	44. 划线
45. 淬火	46. 强度	47. $W_{18}Cr_4V$	48. 0°～60°
49. 90°	50. 高精度	51. 粗齿	52. 细齿
53. 中齿	54. 一半	55. 磨料	56. 36
57. 进给率	58. 定位元件	59. 锯切速度	60. 20～40
61. 右	62. 交叉的 45°斜线	63. 剖切面	64. 45°平行线
65. 长对正	66. $\square B\times B$	67. 压力	68. 0.01
69. 咬住	70. 垂直	71. 不得大于 3.2	72. 磷、硫
73. 基准面	74. 龙胆紫	75. 划线盘及划针	76. 半年
77. 白刚玉	78. 绿碳化硅	79. 主轴箱	80. 强度
81. 短路及过载	82. 主要技术参数	83. 一年	84. 内径
85. 35	86. 2.5～3.5	87. 锯架	88. 先导式
89. 3～5	90. 保护电源免受短路损害		91. 高于
92. 过盈配合	93. 材料形状	94. 低压和高压	95. 定位装置
96. 主运动	97. 距离之差	98. 机床工	99. 走刀量
100. 主运动	101. 切削	102. 切削速度	103. 淬火
104. 走刀量	105. 牙数	106. 定位元件	107. 加工余量
108. 位置精度	109. 右	110. 低	111. 定位
112. 过定位	113. 手工切削加工	114. 热变形	115. 允许尺寸的变动量
116. 运动单元体	117. 执行	118. 批量较大	
119. 加工表面粗糙度指标		120. 基准孔	121. 规格

122. 零	123. 保护接地	124. 小	125. 2 m及2 m以上
126. 强度	127. 齿数	128. 工艺性能	129. 力学性能
130. 变形	131. 洛氏硬度	132. 屈服点	133. 结晶
134. 铁素体	135. 化学热处理	136. 淬透性	137. 冲压
138. 塑性	139. 增加	140. 焊接	141. 焊芯
142. 钳工	143. 进给量	144. 材料	145. 焊剂层
146. 渗氮	147. 低碳钢	148. 渗碳体	149. 铸造
150. 特种	151. 热影响区	152. 轴线	

二、单项选择题

1. A	2. B	3. A	4. A	5. C	6. A	7. C	8. A	9. C
10. D	11. B	12. B	13. B	14. A	15. B	16. C	17. A	18. A
19. A	20. B	21. D	22. A	23. C	24. C	25. A	26. B	27. C
28. C	29. A	30. D	31. D	32. B	33. C	34. A	35. D	36. C
37. B	38. C	39. C	40. B	41. A	42. B	43. C	44. A	45. C
46. C	47. B	48. A	49. C	50. A	51. D	52. B	53. C	54. A
55. C	56. A	57. A	58. A	59. B	60. A	61. B	62. C	63. B
64. C	65. C	66. B	67. B	68. A	69. A	70. C	71. B	72. B
73. C	74. C	75. A	76. A	77. C	78. A	79. B	80. A	81. B
82. C	83. C	84. A	85. C	86. B	87. A	88. A	89. B	90. C
91. A	92. D	93. C	94. A	95. B	96. B	97. C	98. A	99. A
100. B	101. A	102. C	103. A	104. C	105. B	106. C	107. B	108. C
109. C	110. A	111. D	112. C	113. B	114. D	115. A	116. D	117. C
118. D	119. C	120. C	121. C	122. A	123. D	124. B	125. A	126. C
127. C	128. C	129. B	130. A	131. C	132. B	133. D	134. B	135. A
136. B	137. A	138. C	139. C	140. A	141. A	142. D	143. B	144. B
145. A	146. B	147. A	148. C	149. A	150. C	151. A	152. C	153. B
154. A	155. A	156. B	157. A	158. D	159. B	160. C		

三、多项选择题

1. BC	2. CD	3. BC	4. AB	5. BD	6. AB
7. AB	8. AC	9. AB	10. CD	11. AB	12. ABC
13. AB	14. AB	15. ABD	16. AC	17. BC	18. AB
19. AB	20. AB	21. BC	22. AC	23. BC	24. AD
25. AB	26. ABC	27. ABCD	28. AC	29. AB	30. ABC
31. AC	32. ABCD	33. AB	34. BC	35. AC	36. AB
37. AB	38. ABCD	39. AB	40. ABD	41. AC	42. ABCD
43. BC	44. ABCD	45. ABD	46. ABC	47. ACD	48. BD
49. AC	50. BC	51. ABC	52. AB	53. AB	54. CD

55. AB	56. AB	57. BC	58. CD	59. ABC	60. AC
61. AC	62. BC	63. AB	64. AD	65. CD	66. AD
67. AB	68. BD	69. BC	70. AD	71. AB	72. BCD
73. ABC	74. AC	75. CD	76. AB	77. ABCD	78. ABCD
79. ACD	80. AB	81. ABCD	82. AD	83. ABC	84. BCD
85. BC	86. ABCD	87. ABCD	88. BC	89. ABCD	90. ABD
91. CD	92. ABCDEF	93. ACD	94. CD	95. AB	96. BC
97. BD	98. BCD	99. ABC	100. AB		

四、判断题

1.√	2.√	3.√	4.×	5.×	6.√	7.×	8.√	9.√
10.√	11.√	12.√	13.√	14.×	15.√	16.×	17.√	18.√
19.√	20.√	21.√	22.×	23.√	24.√	25.√	26.×	27.×
28.√	29.√	30.√	31.√	32.×	33.√	34.√	35.√	36.×
37.√	38.√	39.√	40.×	41.√	42.×	43.√	44.×	45.√
46.√	47.×	48.×	49.√	50.×	51.√	52.×	53.×	54.×
55.×	56.√	57.√	58.×	59.×	60.√	61.×	62.×	63.√
64.×	65.×	66.×	67.×	68.√	69.×	70.√	71.√	72.√
73.√	74.×	75.×	76.√	77.×	78.×	79.×	80.×	81.√
82.×	83.×	84.×	85.×	86.√	87.√	88.√	89.×	90.×
91.√	92.×	93.√	94.√	95.×	96.×	97.√	98.√	99.×
100.√	101.√	102.×	103.×	104.×	105.×	106.√	107.×	108.×
109.√	110.×	111.×	112.√	113.√	114.√	115.×	116.√	117.×
118.√	119.×	120.×	121.√	122.×	123.√	124.×	125.×	126.√
127.×	128.√	129.×	130.×	131.×	132.×	133.√	134.×	135.×
136.×	137.×	138.√	139.√	140.√	141.√	142.×	143.√	144.×
145.×	146.×	147.√	148.×	149.×	150.×	151.×	152.√	153.√
154.√	155.×	156.√	157.×	158.×	159.√	160.×	161.√	162.×
163.×	164.×	165.×	166.√	167.√	168.√	169.√	170.×	171.×
172.√	173.√	174.√	175.×	176.×	177.×	178.√	179.√	180.×
181.×	182.√	183.×	184.×					

五、简答题

1. 答:锯床一般分为圆锯床(2 分)、带锯床(2 分)和弓锯床(1 分)三类。

2. 答:带锯床是用于锯切各种金属材料的机床(3 分),主要分为卧式带锯床(1 分)、立式带锯床(1 分)两种。

3. 答:锯片进给方向为水平方向的带锯床(3 分)。卧式带锯床的锯架水平或倾斜布置,沿垂直方向或绕一支点摆动的方向进给,锯带一般扭转 40°,以保持锯齿与工件垂直(2 分)。

4. 答:床身设有立柱的卧式锯床(3 分),立柱由一大小圆柱组成,大圆立柱作为锯架动的导轨,是用以支撑锯梁上下升降运动,并保证精确的导向,小圆柱起辅助作用,从而保证锯条的正常切削(2 分)。

5. 答:锯片进给方向为垂直方向的带锯床(3 分)。立式带锯床的锯架垂直设置,切割时工件移动,用以切割板料和成形零件的曲线轮廓(2 分)。

6. 答:圆锯片作旋转的切削运动,同时随锯刀箱作进给运动(2 分)。圆锯床按锯片进给方向又分为卧式(水平进给)(1 分)、立式(垂直进给)(1 分)和摆式(绕一支点摆动进给)(1 分)三种。

7. 答:卧式圆锯床指锯片进给方向为水平方向的圆锯床(5 分)。

8. 答:立式圆锯床指锯片进给方向为垂直方向的圆锯床(5 分)。

9. 答:摆式圆锯床指锯片进给方向为摆式(绕一支点摆动进给)的圆锯床(5 分)。

10. 答:弓锯床指装有锯条的锯弓作往复运动,以锯架绕一支点摆动的方式进给的锯床(5 分)。

11. 答:锯带速度由材料的种类、材料的宽度及锯带的拉力所决定(3 分)。较硬的材料必须用较低的锯带速度(1 分);较小的宽度必须用较快的锯带速度(1 分)。

12. 答:卧式弓锯床指锯片进给方向为水平方向的弓锯床(5 分)。

13. 答:整体式圆锯片(1 分)、镶片式圆锯片(2 分)、镶焊硬质合金圆锯片(2 分)。

14. 答:如果切削速度过低(带锯条速度比锯架下降速度还低时)就会产生凹心或切断弯曲等现象(3 分)。这是由于施加给带锯条的背分力大于主分力,即由于压曲(临界)应力的作用损害了锯条钢性的结果,从而缩短了带锯条的寿命(2 分)。

15. 答:进给量太大,造成锯带背部因受挤压引起变形(3 分)。顶部导向块或轴承已磨损或残缺,锯带背部受挤压后变形(2 分)。

16. 答:细化晶粒(1 分),均匀组织(1 分),改善机械性能(1 分),降低硬度(1 分),便于加工,消除内应力(1 分)。

17. 答:钢的退火是将工件加热到工艺要求的温度,经过适当的保温以后,再缓慢冷却下来的热处理工艺过程(3 分)。退火又分为完全退火、不完全退火和扩散退火、低温退火(2 分)。

18. 答:双金属带锯条是采用高性能高速钢齿部材料和优质弹簧钢带体材料,通过电子束真空焊接和特殊工艺加工制造而成(3 分)。锯齿具有良好的红硬性,可切割各类黑色金属和有色金属,是一种节省原材料和降低能源消耗的新型锯削工具(2 分)。

19. 答:开始下锯时,尽可能多的使锯条与工件接触,与工件接触的齿少时,容易卡齿或断齿(3 分)。同时锯两个圆料时,中间用 V 型块夹紧。同时锯几个角料时,中间挚以木块。同时锯多个圆料时,应当用全部夹紧的方法(2 分)。

20. 答:新锯条不跑合(1 分),锯切进给量太大(1 分),锯带齿向装反(1 分),被切工件有夹渣(1 分)、硬点(1 分)等,均会造成崩齿。

21. 答:打齿(1 分)、断带(1 分)、切斜(1 分)、齿尖过早钝化(1 分)。锯切效能没有正常发挥(1 分)。

22. 答:在带锯条使用初期合理采用磨合切削(1 分);检查工件加工条件,选择正确的锯条(1 分);根据加工件合理配置线速度和进给(1 分);选择正确的冷却液(1 分);检查工件硬度和材质变化(0.5 分);根据工件情况合理选择齿型(0.5 分)。

23. 答:合理调节进给速度(1 分);换成小齿形的锯条或变齿距的锯条(1 分);调整锯条张

力(1分);夹紧工件(1分);在带锯条使用初期合理采用磨合切削(0.5分);检修液压系统(0.5分)。

24. 答:将锯轮张力调整到正常状态(1分);检查两侧合金块是否过于靠近齿沟,并进行调整确认钢丝刷的磨损位置,锯轮里面的锯末要清除干净(1分);选择适当的齿形(1分);调整水压,提高切削液浓度(1分);锯条与工件在开机前至少保持适当距离(0.5分);调节进给量减少齿沟负载(0.5分)。

25. 答:在带锯条使用初期合理采用磨合切削(0.5分);更换新锯条(0.5分);交换成适当的齿节或下降速度减慢(1分);合理调节进给速度(0.5分);调整工件和导向臂位置(0.5分);调整锯条张力(0.5分);检修冷却系统,加足冷却液(0.5分);切削条件与被切削材料的确认,从动轮各部分的松弛,偏磨耗的确认、调整和修理(1分)。

26. 答:将两导承调整地近一点(1分);边导承太紧(1分);降低带锯张力(1分);降低进给(1分);带锯厚度对轮子直径太大(0.5分);工件是否加紧(0.5分)。

27. 答:由底座(0.5分)、床身(0.5分)、锯梁(0.5分)和传动机构(1分)、锯条导向装置(1分)、夹紧机构(1分)、张紧装置(0.5分)组成。

28. 答:由于在高速的情况下切断,容易受到热影响(3分)。而且会产生粉尘、噪声等公害问题,这已经成为砂轮切断的最大缺点(2分)。

29. 答:零件在加工(1分)、测量(1分)和装配(1分)中,用来作为依据的那些点、线、面(2分)叫做工艺基准。

30. 答:把合理的工艺过程中(2分)的各项内容写成文字(1分)用以指导生产(2分),这类文件叫工艺规程。

31. 答:(1)将锯臂大支架调整锁紧后,用大拇指放到两支架内侧锯条的中间部位,用力推动锯条,锯条不弓就可以了(2分)。(2)尽可能使用专业的量具(张力仪)进行检测。张力仪的使用能够更加专业的掌握锯条的张紧度,避免因每次操作和不同操作者交替经验的差异。规范操作标准,确保锯条在准确合理的张力情况下运行(3分)。

32. 答:原因是:(1)金属材料产生的弹性变形(1分)和塑性变形(1分);(2)切屑与刀具前面的相互摩擦(2分);(3)工件和刀具后面的相互摩擦(1分)等。

33. 答:齿尖朝前(2分)、松紧适中(2分)、锯条无扭曲(1分)。

34. 答:使用较大齿节(2分);检查锯带是否有断齿(1分);提高进给力或提高速度(1分);检查锯床的液压进给(1分)。

35. 答:作用是:(1)使磨料均匀分布(2分);(2)润滑(2分);(3)使零件表面形成氧化薄膜,从而加速研磨过程(1分)。

36. 答:切削液不仅能起到润滑、冷却作用(2分),还可以减少锯齿在切削中的摩擦阻力(2分)。切削液与水的配比约为1∶15(1分)。

37. 答:锯床使用的刀具(锯条或锯片)锯削工件经过的区域(2分)。卧式带锯床加工区是指当锯削最大直径工件时,锯条所暴露的长度部分在摆动或垂直进给中经过的区域(3分)。

38. 答:带锯切削依据被切削材料的材质分为湿式切削(使用切削液)和干式切削(2分)。灰口铁、可锻造铁等切削成为粉状的材料用干式切削进行(1分)。其他大部分材料采用湿式切削(1分)。带锯床通常使用水溶性切削液(1分)。

39. 答:交班人员待接班人员到达作业现场后,首先进行技术交底(2分),然后将设备状态、运行情况告知接班人(1 分),交接班人员共同对设备进行检查(1 分),设备无异常情况后,方可填写设备运转记录、交接班记录,完成交接(1 分)。

40. 答:锯切实心大料、有色金属宜用粗齿(1 分);小型材、薄壁管、高强度硬度的材料和合金钢类宜用细齿(1 分);变齿距锯条一般用在截面变化大或成捆切割的工件,以减小消除切削时的振动与噪声,使切削平稳(3 分)。

41. 答:更换锯条时,应断开电源,防止发生意外(3 分)。新锯条使用时,为了提高使用效果需进行锯条"跑合",(即:锯切头几段采用低速,小进给量),待齿尖毛刺去除后,再按正常的切削参数进行锯削(2 分)。

42. 答:锯床运转期间,发现有异常响动,应立即停车排除故障(3 分)。操作者本人无法解决时,请有关人员协助。应马上停机,紧急时可直接切断电源(2 分)。

43. 答:当锯切较长坯料,坯料在锯床料架上无法保持平衡时(2 分),锯床前部应放置活动支架(2 分),避免切断的工件跌落,以保证坯料锯切时的安全(1 分)。

44. 答:下班前应将锯架落下(2 分)。将各开关、手柄等置于非工作位置,断开电源(1 分),将设备擦拭干净(1 分),认真填写设备运转记录及交接班记录(1 分)。

45. 答:双金属带锯条带体柔软不易断裂,安装锯条后必须检查锯条的张紧度,若锯条张不紧易产生锯斜(3 分)。检查方法:当导向支架调整锁紧后,将大拇指放到两支架内侧锯条的中间部位,用力推动锯条,锯条有一定的弹力就可以了(2 分)。

46. 答:(1)根据被测零件精度合理使用游标读数值,游标读数值有 0.02 mm 与 0.05 mm 两种(1 分)。(2)使用时要考虑量具、被测件与室温的一致性(1 分)。(3)测量时应注意测量位置的正确(1 分)。(4)使用前必须擦净工作面并检查量具零位的正确性。读数时应使视线与量具刻度垂直,以减小视差(1 分)。(5)用后需要维护保养,放入盒内(1 分)。

47. 答:第一刀要慢慢进给(2 分),切入材料 20 mm 后(1 分),无异常状况后逐渐调整到正常切削率的 50%左右(1 分),再逐步进入正常的锯切状态(1 分)。

48. 答:工件夹紧后,敲击或撬动工件(2 分),检查是否有松动现象(2 分),这样可以防止因工件振动造成锯带崩齿(1 分)。

49. 答:锯带的使用寿命受多种因素影响(1 分),如机床状态(1 分),被锯材料(1 分),操作是否规范(1 分),锯床所在环境(1 分)都反映到锯带上来。

50. 答:切削液又称冷却润滑液,主要用来降低切削温度和减少摩擦(3 分)。此外,还有冲去切屑的清洗作用(1 分),从而延长刀具的使用寿命和提高表面的质量(1 分)。

51. 答:太大,切削的齿数太少,易卡住(3 分);太小,不好切入工件(2 分)。

52. 答:特点:前角小,楔角大,齿高小(1 分);锯齿的稳定性、强度大(1 分);齿槽底开裂可能性小(1 分);磨齿困难(1 分)。用于锯切硬材(1 分)。

53. 答:领取派工单(1 分)、技术资料(1 分)、查阅图样(1 分)、工艺指导书(1 分)、工艺守则(1 分)。

54. 答:带锯条对硬度高的材料会产生滑动摩擦和摩擦热(3 分),造成切削性能相对较差(2 分)。

55. 答:布氏硬度(HB)(1 分)、洛氏硬度(HRC) (2 分)和维氏硬度(HV) (2 分)。

56. 答:工件上已加工表面与待加工表面之间的垂直距离叫背吃刀量(1.5 分);工件每转一转,车刀沿进给方向移动的距离叫进给量(1.5 分);切削速度是主运动的线速度(2 分)。

57. 答:工件材料对切削力影响最大的是强度、硬度和塑性(1.5 分)。强度和硬度越高的材料,切削力越大(1.5 分)。两种强度和硬度相近的材料相比,其中塑性越好的,切削变形越剧烈,和刀具的摩擦越强烈,切削力越大(2 分)。

58. 答:切削用量三要素中,切削速度对切削温度影响最大(1 分),切削温度将随切削速度的增加而明显升高(1 分)。其次是进给量(1 分),当进给量 f 增大,刀屑间接触面积略有增加,切削温度随 f 的增加而升高,但上升幅度较小(1 分)。影响最小的是背吃刀量 a_p,增大 a_p 切削层宽度也增大,增大了刀具、工件、切屑散热面积,切削温度升高甚微(1 分)。

59. 答:麻花钻的顶角一般为 118°(1 分),如果顶角磨得不对称,钻削时,只有一个切削刃切削,另一切削刃不起作用,因而造成两边受力不平衡,使钻出的孔扩大(2 分)和歪斜(2 分)。

60. 答:确定工件在机床上或夹具中有正确位置的过程称为定位(2.5 分)。工件定位后,将其固定,使其在加工过程中保持定位位置不变的操作称为夹紧(2.5 分)。

61. 答:原因是:(1)金属材料产生的弹性变形(1 分)和塑性变形(1 分);(2)切屑与刀具前面的相互摩擦(2 分);(3)工件和刀具后面的相互摩擦(1 分)等。

62. 答:切削液又称冷却润滑液,主要用来降低切削温度和减少摩擦(3 分)。此外,还有冲去切屑的清洗作用(1 分),从而延长刀具的使用寿命和提高表面的质量(1 分)。

63. 答:高速钢刀具制造简单,刃磨方便,磨出的刀具刃口锋利(1 分),而且韧性比硬质合金高,能承受较大的冲击力(1 分),因此常用于承受冲击力较大的场合(1 分)。高速钢也常作为小型车刀、梯形螺纹精车刀以及成型刀具的材料(1 分)。但高速钢的耐热性较差,因此不能用于高速切削(1 分)。

64. 答:硬质合金的耐热性好,硬度高,耐磨性也很好(1 分),因此可选用比高速钢刀具高几倍甚至几十倍的切削速度(1 分),并能切削高速钢刀具无法切削的难加工材料(1 分)。硬质合金的缺点是韧性较差、较脆(1 分)、怕冲击(1 分)。但这一缺陷,可通过刃磨合理的刀具角度来弥补。所以硬质合金是目前应用最广泛的一种刀具材料。

65. 答:高的耐磨性(1 分)、高的硬度(1 分)、足够的强度(1 分)、韧性(1 分)以及高的红硬性(1 分)。

66. 答:减小副偏角或磨修光刃(1 分)、改变切削速度(1 分)、及时重磨(1 分)或更换刀具(1 分)、减少振动(1 分)。

67. 答:轮廓算术平均偏差 Ra 在一定取样长度上(2 分)的被测表面轮廓上各点到轮廓中线距离(2 分)的绝对算术平均值(1 分)。

68. 答:切削时,在刀具切削刃的切削(1 分)和刀面的推挤作用下(1 分),被切削金属层产生变形(1 分)、剪切、滑移(1 分)而变成切屑的过程(1 分)。

69. 答:这类硬质合金呈红色(1 分),其韧性、磨削性能和导热性好(1 分),适用于加工脆性材料如铸铁(1 分)、有色金属(1 分)和非金属材料(1 分)。

70. 答:这类硬质合金为蓝色的(1 分),其耐磨性比 K 类高(1 分),但抗弯强度、磨削性能和导热系数有所下降(1 分),脆性大,不耐冲击(1 分),故这类合金不宜用来加工脆性材料,只适应于高速切削一般钢材(1 分)。

71. 答:这类硬质合金呈黄色(1 分),其高温硬度、硬度、耐磨性、黏结温度和抗氧化性、韧性都有提高(1 分),具有较好的综合切削性能(1 分),主要用于切削难加工材料(1 分),如铸钢、合金铸铁、耐高温合金等(1 分)。

72. 答:零件在加工(1分)、测量(1分)和装配(1分)中,用来作为依据的那些点、线、面(2分)叫做工艺基准。

73. 答:把合理的工艺过程中(2分)的各项内容写成文字(1分)用以指导生产(2分),这类文件叫工艺规程。

74. 答:用于检验(1分)已加表面尺寸(1分)及其相对位置所依据的点(1分)、线(1分)、面(1分)叫做测量基准。

75. 答:标准公差就是国标中的标准公差数值表所列的(1分),用以确定公差带大小的(1分)任一公差值(1分),标准公差以“IT”(1分)表示。允许尺寸的变动量(1分)称为尺寸公差。

六、综 合 题

1. 答:装有锯条的锯弓作往复运动,以锯架绕一支点摆动的方式进给,机床结构简单,体积小,但效率较低(3分)。弓锯床锯条的运动轨迹有直线和弧线两种(3分)。弧线运动时锯弓绕一支点摆动一小角度,每个锯齿的切入量较大,排屑容易,效率较高,新式弓锯床大多采用这种方式(3分)。适于锯切黑色金属圆料、方料、型材和管材(1分)。

2. 答:圆锯片作旋转的切削运动,同时随锯刀箱作进给运动(4分)。圆锯床按锯片进给方向又分为卧式(水平进给)(1分)、立式(垂直进给)(1分)和摆式(绕一支点摆动进给)(1分)三种。适于锯切黑色金属圆料、方料、型材和管材(3分)。

3. 答:环形锯带张紧在两个锯轮上,并由锯轮驱动锯带进行切割(2分)。带锯床主要有立式和卧式两种(2分)。立式带锯床的锯架垂直设置,切割时工件移动,用以切割板料和成形零件的曲线轮廓,还可把锯带换成锉链或砂带,进行修锉或打磨(2分)。卧式带锯床的锯架水平或倾斜布置,沿垂直方向或绕一支点摆动的方向进给,锯带一般扭转40°,以保持锯齿与工件垂直(2分)。带锯床主要用于锯切碳素结构钢、低合金钢、高合金刚、特殊合金钢和不锈钢、耐酸钢等各种合金及金属材料(2分)。

4. 答:安装前必须观察锯床的运转方向或是锯床上的提示标牌,以免锯条方向装反,应断开电源,防止发生意外(4分)。新锯条使用时,为了提高使用效果需进行锯条“跑合”(2分);安装锯条后必须检查锯条的张紧度,若锯条张不紧易产生锯斜(2分)。检查方法:当导向支架调整锁紧后,将大拇指放到两支架内侧锯条的中间部位,用力推动锯条,锯条有一定的弹力就可以了(2分)。

5. 答:原因:张紧力过大;背压阀的背压值过小(2分);进给量过大(2分);工件未夹紧(2分);带锯条安装不正确或导向间隙太小冷却液选择或比例不对(2分);带锯条质量低或锯条磨钝(2分)。

6. 答:预防措施:减少张紧力(1分);检测并调整背压压力(1分);减少进给量(1分);夹紧工件(1分);正确安装带锯条(2分);增大导向间隙(2分);使用随机供给冷却液合理配方(2分)。

7. 答:进给方向与工作台不垂直(3分);带锯条与固定钳口不垂直(2分);带锯条张紧力不够(2分);带锯条齿尖磨损(2分)。

8. 答:原因:带锯条速度过高(2分);进给量较大(2分);锯削冷却液选择不当(2分);带锯条未跑合(2分);带锯条质量差(2分)。

9. 答：预防措施：正确选用带锯条速度（4 分）；减少进给量（2 分）；正确选择冷却液（2 分）；带锯条应跑合（2 分）。

10. 解：$S=\pi R^2=3.14\times7.5^2=176.7\ \text{cm}^2$（4 分）

$t=3\ \text{min}$（1 分）

切削率$=S/t=176.7\ \text{cm}^2/3\ \text{min}=58.9\ \text{cm}^2/\text{min}$（5 分）

11. 解：切断时间 $T(\text{min})=176.7\ \text{cm}^2/80\ \text{cm}^2=2.12\ \text{min}$（10 分）

12. 答：切削不锈钢等硬度低、黏性较大的材料时，锯条线速度要放慢（5 分），并且切削效率也要相应降低（3 分）。考虑其排屑通畅的因素，齿距也相应放大（2 分）。

13. 答：作业人员需持操作证上岗（3 分）；穿戴劳保服装、防砸鞋、工作帽等（3 分）。严禁带手套及穿宽松衣服操作机床，以免使身体被卷入机床内（3 分），但在卸装锯条时却必须带手套（1 分）。

14. 答：设备作业环境的要求：设备周围地面应清洁无杂物（1 分）。

对设备状态的规定：设备接地良好对人员状态及劳保穿戴的要求：作业人员需持操作证上岗；穿戴劳保服装、防砸鞋、工作帽等。严禁带手套及穿宽松衣服操作机床，以免使身体被卷入机床内，但在卸装锯条时却必须带手套（4 分）。

设备交接班的规定：交班人员待接班人员到达作业现场后，首先进行技术交底，然后将设备状态、运行情况告知接班人，交接班人员共同对设备进行检查，设备无异常情况后，方可填写设备运转记录、交接班记录，完成交接（4 分）。

设备启动前检查准备（1 分）。

15. 答：掌握机制工艺基础与夹具的基本知识（1 分）；掌握各种锯床及附件的名称、型号、规格、性能、结构、传动原理和操作规程（1 分）；掌握自用设备按钮、手柄、拉杆、限位等的作用、使用方法和维护保养方法（1 分）；掌握常用工、夹、量、辅具的名称、规格、用途和维护保养方法（1 分）；掌握专用夹具的安装、调整及定位、夹紧的基础知识（1 分）；掌握常用润滑剂、切削液的种类、用途（1 分）；掌握常用金属材料的种类、牌号、表示方法及其力学性能、工艺性能（1 分）；掌握常用化学元素对金属材料性能的影响（1 分）；掌握常用刀具几何角度的作用，对切削性能及使用寿命的影响（0.5 分）；掌握较复杂工件下料的工艺过程（0.5 分）；掌握液压传动的一般知识（0.5 分）；掌握热处理的基本知识（0.5 分）。

16. 答：能看懂零件图、简单装配图，绘制一般零件图（1 分）；能正确操作、调整常用的锯床，并能维护保养（1 分）。能根据材料表面涂漆颜色，准确地指出材料的牌号（1 分）。能正确地装卸锯条、锯片，修磨钝刃的锯条、锯片（1 分）。能安装与调整各种专用夹具，掌握使用附件定位、测量和多件装夹的方法（1 分）。能正确使用和维护保养常用量具（1 分）。能计算出单件或批量下料时材料消耗（总）量及损耗量（1 分）。能在下料时正确执行工艺文件，并提出改进意见，做到合理、节约下料（0.5 分）。能看管多台机床，改进自动送料机构（0.5 分）。能分析并防止下料时产生不良品（锯面垂直度、长度尺寸等）（0.5 分）。能根据“火花”鉴别常用金属材料的牌号（0.5 分）。能分析、判断设备产生故障的原因（0.5 分），并能协助机、电修人员排除故障（0.5 分）。

17. 答：线速度不当（4 分）；锯条齿距过大（4 分）；张力不当（1 分）；新锯条未经磨合（1 分）。

18. 答：合理调节线速度（3 分）；换成小齿距的锯条或变齿距的锯条（3 分）；调整锯条张力

(2 分);在新锯条使用初期合理采用磨合切削(2 分)。

19. 答:锯条张力过大(2 分);下降压力过大(2 分);锯齿太小不适合被切工件(2 分);超过或经常接近锯床下料尺寸的极限位置(1 分);导向块有磨损缺陷或被卡死(1 分);切屑液量过小和过稀造成冷却不当(1 分);锯床本身参数配置不合理(1 分)。

20. 答:将锯轮张力调整到正常状态(2 分);合理调整下降压力(2 分);选择正确的齿型、齿距(2 分);对下料工件和锯床须合理匹配(1 分);调整或更换导向块(1 分);调整水压,提高切屑液浓度(1 分);选用专业厂家生产的锯床(1 分)。

21. 答:新锯条未经磨合(2 分);工件太硬(2 分);速度过快,进给过大或过小(2 分);工件夹杂硬块(2 分);锯条齿型选择不当(1 分);锯条张力过小(1 分)。

22. 答:在带锯条使用初期使用合理采用磨合切削(2 分);检查工件,选择正确的锯切参数(2 分);根据加工合理配置线速度和进给量(2 分);检查工件硬度和材质变化(2 分);根据工件情况合理选择齿型调整锯条张力(2 分)。

23. 答:新锯条未经磨合(2 分);进给压力过大(2 分);齿距过小导致排屑不畅(2 分);导向块磨损、松动(2 分);锯条张力过小(1 分);齿尖黏结切屑(1 分)。

24. 答:在带锯条使用初期合理采用磨合切屑(2 分);根据工件情况和合理配置进给量(2 分);根据工件大小正确的选择齿距、齿型;更换、调整导向块(2 分);合理调整锯条张力(2 分);检查钢丝刷位置、使用情况和切屑液(2 分)。

25. 答:最大锯削范围:ϕ320 mm×320 mm(2 分);主马达:3 kW(2 分),油压马达:0.75 kW(2 分),水泵:90 W(2 分);锯切速度:35 m/min、45 m/min、60 m/min、75 m/min(2 分);锯条规格:34 mm×1.1 mm×4 115 mm;切割能力:65 cm^2/min。装箱尺寸:2 200 mm×2 000 mm×1 600 mm;机械重量:1 300 kg。

26. 答:张紧装置是由滑板座、滑板、丝杆等组成(6 分),当要将锯条张紧时,用扭力扳手按顺时针方向旋转可张紧锯条,处于工作状态(4 分)。

27. 答:如锯床处于长时间停机状态(6 分),扭力扳手向逆时针方向旋转锯条松开(2 分),松开锯条后可更换新锯条(2 分)。

28. 答:锯床主要部件包括底座;床身、立柱(2 分);锯梁和传动机构(1 分);导向装置(1 分);工件夹紧(1 分);张紧装置(1 分);送料架(1 分);液压传动系统(1 分);电气控制系统(1 分);润滑及冷却系统(1 分)。

29. 解:已知:$a=25$ mm

由正方形外圆直径计算公式可得:

$D=1.414a=1.414\times25=35.35$(mm) (8 分)

答:工件四方头的外接圆直径为 35.35 mm(2 分)。

30. 答:俯视图如图 1 所示(共 10 分,少一条线段扣两分,扣完为止)。

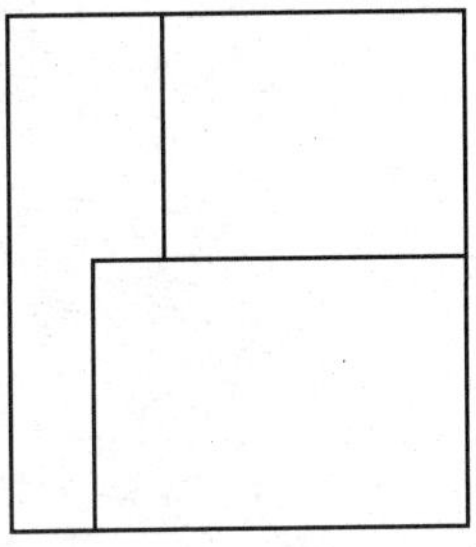

图 1

31. 答:对配合性质产生影响(2 分);对耐磨性质产生影响(2 分);对耐腐蚀性产生影响(2 分);对抗疲劳强度产生影响(2 分);对密封性能产生影响(2 分)。

32. 答:对刀具材料提出的基本要求:(1)硬度高(1 分)、耐磨损(1 分);(2)强度高(1 分)、抗弯曲(1 分);(3)韧性好(1 分)、耐冲击(1 分);(4)耐热性好(1 分);(5)经济性好(1 分);(6)磨削性能好(1 分);(7)热塑性好(1 分)。

33. 答：切削液应根据加工性质选用(1分)。如粗加工时应选用以冷却为主的乳化液(1分)；精加工时最好选用切削油或高含量的乳化液(1分)；钻削、铰削和深孔加工时，应选用黏度较小的乳化液和切削油，并加大流量和压力(1分)，一方面冷却、润滑(1分)，另一方面把切屑冲洗出来(1分)。此外切削液还应根据工件材料选用，如钢材粗加工一般用乳化液(1分)，精加工用切削油(1分)；铸铁、铜、铝等脆性材料一般不加切削液(1分)；切削有色金属和铜合金时，不宜采用含硫的切削液，以免腐蚀工件(1分)。

34. 解：最大过盈 $Y_{max}=D_{min}-d_{max}=40-40.042=-0.042$ mm(4分)

最小过盈 $Y_{min}=D_{max}-d_{min}=40.025-40.026=-0.001$ mm(4分)

答：最大过盈为0.042 mm，最小过盈为0.001 mm(2分)。

35. 答案如图2所示。(评分标准：实线每少一条线或多一条线扣2分，虚线每少一条线或多一条线扣1分，直到扣完为止)

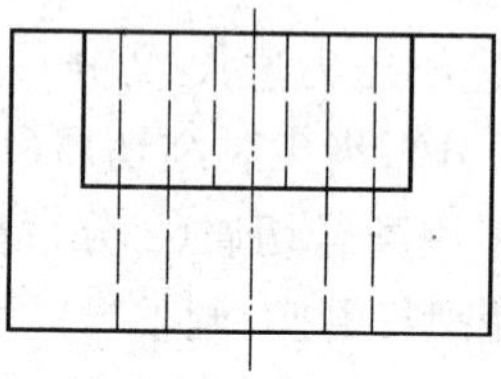

图 2

锯床工(中级工)习题

一、填 空 题

1. 锯床一般采用液压夹紧装置,其液压站电机供电通常为交流三相(　　)V。

2. 熔断器应串接在主电路和控制电路中,起到(　　)保护的作用。

3. 我国规定的安全电压不超过(　　)V。

4. 双金属锯条由两种金属焊接而成的锯条,具体地说是由碳钢锯身和(　　)钢锯齿组成。

5. 切割玻璃、硬化钢、绞合光纤及瓷砖用(　　)锯条。

6. 一条没有磨合或没有磨合好的锯条的使用寿命是一条磨合好的锯条的(　　)或更少。

7. 正确地使用(　　)及其混合物,可以润滑和冷却带锯条,并及时清洗掉锯齿上的附加物。

8. 硬质合金常用的种类有钨钴类和(　　)类。

9. 锯条锯齿的最主要角度参数是前角、后角、(　　)。

10. 装配锯片时,确定锯片箭头方向与设备(　　)旋转方向一致。

11. 锯片锯齿部分的角度参数前角 γ、后角 α、楔角 β 三者之和等于(　　)。

12. 切割石材用(　　)锯片。

13. 如锯床处于长时间停机状态,应将扭力扳手向(　　)方向旋转使锯条松开。

14. 弓锯床锯条的运动轨迹有直线和(　　)两种。

15. 带锯条锯齿的外型,国内市场通常把锯条齿型分为:常规齿、后角度齿、(　　)齿、抗拉齿。

16. 带锯导向装置越靠近材料,锯切精度越(　　)。

17. 新带锯条"磨合"时,应将机床参数调整至正常锯削效率的(　　)左右。

18. 精基准的选择应从保证零件加工(　　)出发,同时考虑装夹方便、夹具结构简单。

19. 锯床一般分为圆锯床、带锯床和(　　)三类。

20. 锯床是用于锯切各种金属材料的机床,主要分为卧式带锯床、(　　)带锯床两种。

21. 锯带速度由材料的种类、材料的(　　)及锯带的拉力所决定。

22. 安装锯带的要求是(　　)、松紧适中、锯条无扭曲。

23. 带锯切削依据被切削材料的材质分为(　　)切削和干式切削。

24. 材料硬度主要用布氏硬度、(　　)硬度和维氏硬度表示。

25. 退火又分为完全退火、不完全退火和(　　)退火、低温退火。

26. 双金属带锯条是采用高性能(　　)齿部材料和优质弹簧钢带体材料,通过电子束真空焊接和特殊工艺加工制造而成。

27. 高速钢由于(　　)好，弥补了碳素工具钢的致命缺点，可以用来制造切削工具。

28. 热处理工艺一般包括加热、(　　)、冷却三个过程。

29. 金属热处理工艺大体可分为整体热处理、表面热处理和(　　)热处理三大类。

30. 为了降低钢件的脆性，将淬火后的钢件在高于室温而低于650 ℃的某一适当温度进行长时间的保温，再进行冷却，这种工艺称为(　　)。

31. 铝合金密度低，但强度比较高，接近或超过优质钢，塑性好，可加工成各种型材，具有优良的(　　)、导热性和导电性，工业上广泛使用，使用量仅次于钢。

32. 铝合金按加工方法可以分为(　　)铝合金和铸造铝合金两大类。

33. 影响刀具切削性能的主要因素有：刀具几何参数(后角、前角、主偏角、刀尖圆弧半径等)、刀具材料、(　　)、工件材料及其机械性能等。

34. 刀具失效的形式可分为(　　)磨损和非正常磨损两大类。

35. 刀具正常磨损主要分为磨料磨损、黏结磨损、(　　)磨损和其他磨损(溶解磨损、氧化磨损)。

36. 水基切削液可分为(　　)、半合成切削液和全合成切削液。

37. 切削液要满足冷却、润滑、清洗、(　　)四个目的。

38. 工具钢一般分为碳素工具钢、(　　)工具钢和高速工具钢。

39. 不锈钢常按组织状态分为：马氏体钢、铁素体钢、(　　)钢、奥氏体-铁素体(双相)不锈钢及沉淀硬化不锈钢等。

40. 不锈钢的耐蚀性随含碳量的增加而(　　)。

41. 红硬性是指刀具在高速切削时，刀刃在红热状态下抵抗(　　)的能力。

42. 硬度是物理学专业术语，材料局部(　　)硬物压入其表面的能力称为硬度。

43. 将合金加热至高温单相区恒温保持，使过剩相充分溶解到固溶体中，然后快速冷却，以得到过饱和固溶体的热处理工艺称为(　　)热处理。

44. 纯铝分冶炼品和(　　)加工品两类，前者以化学成分Al表示，后者用汉语拼音LG(铝、工业用的)表示。

45. 刀具(　　)是切削加工过程中不可避免的现象。

46. 硬质合金的硬度(　　)高速钢。

47. 日常使用的切削液浓度不大于(　　)%。

48. (　　)工具钢或锋钢，俗称白钢。

49. 高速钢是一种成分复杂的合金钢，含有钨、钼、(　　)、钒、钴等碳化物形成元素。

50. 高速钢按所含合金元素不同可分为：钨系高速钢、(　　)系高速钢、高钼系高速钢、钒高速钢、钴高速钢。

51. 按用途不同高速钢又可分为通用型和(　　)两种。

52. 钨系和钼系高速钢经正确的热处理后，洛氏硬度能达到(　　)以上，钴系高速钢在65以上。

53. 高速钢最主要的特性是(　　)。

54. 提高淬火温度可以(　　)钢的红硬性。

55. 为了提高高速钢刀具的使用寿命，可对其表面进行(　　)处理，如低温氰化、氮化、硫氮共渗等。

56. 钢铁整体热处理大致有退火、正火、淬火和(　　)四种基本工艺。

57. 刀具几何参数主要有后角、前角、(　　)、刀尖圆弧半径等。

58. 正常磨损时,刀具的磨损量随切削时间增长而均匀地(　　)。

59. 正常磨损是在切削过程中,刀具切削刃、前刀面、后刀面分别与加工表面、切屑和已加工表面接触,在接触区里受切削力和(　　)的耦合作用,并发生强烈的摩擦产生的,切削刃、前刀面和后刀面都会产生磨损。

60. 对(　　)速切削的刀具而言,磨料磨损是刀具磨损的主要原因。

61. 刀具由于骤热骤冷(如断续切削、冷却液等)产生太大的(　　)以致出现裂纹。

62. 切削力增加或切削速度(　　)引起的切削温度增加均会使后刀面磨损加剧。

63. 切削液应避(　　)、避热、避潮室内存放。

64. 碳素工具钢的碳含量分数较高,在 0.65%～1.35%之间,按其组织属于亚共析、共析或(　　)钢。

65. 加入 Cr 和 Mn 可以提高工具钢的(　　)性,可根据要求,有选择地加入或同时加入其他元素(加入总量一般不超过 5%),即形成一系列的合金工具钢。

66. 合金工具钢的淬硬性、淬透性、(　　)性和韧性均比碳素工具钢高。

67. 锯削时锯条齿尖朝(　　)。

68. 双金属锯条相比单金属锯条,抗热及抗磨损性更(　　),寿命更长。

69. 锯条工作时,发现声音和振动异常、切割面粗糙、或产生异味时,必须立即(　　)作业,及时检查,排除故障以免发生意外事故。

70. 锯条在开始切削及停止切削时,不要进刀太(　　),避免造成断齿及破损。

71. 锯条是开有齿刃的钢片条,(　　)是锯的主要部分。

72. 锯条如不立即使用,应将其平放或利用内孔将其悬挂起来,平放的锯条上不能堆放其他物品或脚踩,并要注意防潮,防(　　)。

73. 当锯条不再锋利、切割面粗糙时,必须及时进行再修磨。修磨不能改变原角度,和破坏(　　)平衡。

74. 带锯条在正式使用前一定要进行(　　)。

75. 千分尺的最小刻度为(　　)mm。

76. 游标卡尺最小刻度主要分为 0.02 mm、0.05 mm、(　　)mm 三种。

77. 锯带速度由材料的种类、材料的宽度及锯带的(　　)所决定。

78. 锯带的压力及进给速率由材料的种类、材料的(　　)所决定。

79. 较硬的材料和较大宽度的材料要用较(　　)的锯带压力和进给速率。

80. 较软的材料和较小的宽度要用较(　　)的锯带压力和进给速率。

81. 在用一根新的锯条锯切之前,应首先检查其(　　)力。

82. 锯切精度取决于带锯条导向装置的设置:装置越靠近材料,锯切精度越(　　)。

83. 带锯条选择包括合适的锯条宽度、齿形和(　　)。

84. 正确地“磨合”新带锯条,“磨合”是通过锯齿的自然磨损,除去齿刃毛刺,使带锯条渐入正常锯削状态,避免过早地引起锯齿的崩刃和(　　)刃,特别是截面变化急剧的型材、管材及异型材料时尤为重要。

85. 进行“磨合”时,应将锯床参数调整至正常锯削效率的(　　)%左右。

86. 切削型钢，选择(　　)齿锯条最佳。

87. (　　)齿锯条则适合切不锈钢及小束材。

88. 对于较硬的材料，通常(　　)带锯的速度。

89. 对于较软的材料，通常(　　)带锯的速度。

90. 导向轮应该支撑和调直钢带，当调整正常时，将减少锯切的轨迹弯曲和减少锯带的(　　)进而减少冲击。

91. 锯床导向臂分的越开，就越有可能遇到锯切轨迹(　　)的问题。

92. 圆锯床按锯片进给方向又分为卧式、立式和(　　)式3种。

93. 卧式带锯床的锯架水平或倾斜布置，沿垂直方向或绕一支点摆动的方向进给，锯带一般扭转(　　)°，以保持锯齿与工件垂直。

94. 卧式带锯床又分为(　　)式、双立柱式、单立柱式带锯床。

95. 锯片可分为：用于石材切割的金刚石锯片；用于金属材料切割的高速钢锯片(不镶嵌硬质合金刀头的)；用于实木、家具、人造板、铝合金、铝型材、散热器、塑料、塑钢等切割的(　　)合金锯片。

96. 锯片锯齿常用的齿形有左右齿(交替齿)、(　　)齿、梯平齿(高低齿)、倒梯形齿(倒锥形齿)、燕尾齿(驼峰齿)、以及并不多见的工业级的三左一右、左右左右平齿等。

97. 锯片锯齿的梯平齿是(　　)齿和平齿的组合。

98. 锯片锯齿最主要的角度参数是前角、后角、(　　)角。

99. 锯片锯齿的后角是锯齿与已加工表面的之间的夹角，其作用是防止锯齿与已加工表面发生摩擦，后角越大则摩擦越(　　)，加工的产品越光洁。

100. 锯片锯齿的前角 γ 是锯齿的切入角，前角越(　　)切削越轻快，前角一般在10 ℃～15 ℃之间。

101. 锯切实木、刨花板、中密板应选(　　)齿锯片，能锐利地将木纤维组织切断，切口平滑。

102. 高速工具钢具有良好淬透性，硬度及刚性强，耐热变形少，属超高强度钢，热塑性稳定适宜制造高档超(　　)锯片。

103. 锯片锯齿的前角越(　　)锯齿切削锐度越好，锯切越轻便，推料越省力。

104. 一般被加工材料材质较软时，选锯片锯齿较(　　)的前角。

105. 装有防反弹力保护齿的左右齿即为(　　)齿，适用于纵向切割各种有树节的板材。

106. 锯床锯带张力在14.5 kg以上，潜在锯带带条容易(　　)，机器容易疲劳。

107. 锯床锯带张力的标准调节范围在(　　)～14.5 kg。

108. 锯床锯条进给速度太(　　)，容易将齿擦钝。

109. 锯床进给速度太高则使齿提前疲劳，齿尖磨损过快，容易(　　)。

110. 厚、重或蓝色的锯屑表示锯条过载应减少进给速率或(　　)锯带速度。

111. 很细或粉末状的锯屑表示应增加进给速率或(　　)锯带速度。

112. 锯片安装时要保持轴心，卡盘和法兰盘的清洁，法兰盘内径与(　　)内径一致，确保法兰盘与锯片紧密结合，装好定位销，拧紧螺母。法兰盘的大小要适当，外径应不小于锯片直径的1/3。

113. 锯床开动前，确保安全的情况下，由单人操作设备，点动空转，检查设备转向是否正确，有无振动、锯片装好后先空转几分钟，无(　　)、摆动或跳动后正常工作。

114.(　　)切时,不要长时间连续切割,以免影响锯条的使用寿命和切割效果。

115. 工件夹紧时,必须确保在整个切削循环过程中都保持(　　)状态,避免在锯切过程中工件夹持装置松开。

116. 锯切工作完成后,应切断(　　),把各操作手柄置空位上。

117. 锯条安装太松容易使锯条(　　)。

118. T10 属于(　　)工具钢。

119. 锯齿太少会出现卡齿或(　　)现象。

120. 我国交流电的频率为(　　)Hz,习惯上称为工频。

121. 布氏硬度主要用于测量较(　　)的金属材料及半成品。

122. 常用的淬火方法主要有单液淬火法、分级淬火法、(　　)三种。

123. 零件表面被(　　)所切面产生的表面交线称截交线。

124. 半剖视是以零件对称中心线为界,一半画成剖视,另一半画成(　　)所得到的图形。

125. 尺寸代号 ϕ80K7,表示基本尺寸 ϕ80,标准公差为 7 级,基本偏差为 K 的(　　)。

126. 相关公差是指图样上给定的形位公差与(　　)相互有关。

127. 标准公差用于确定公差带的(　　),基本偏差用于确定公差带位置。

128. *Ra* 表示表面粗糙度高度参数轮廓的(　　)平均偏差值。

129. 三角带上的压印标识 A2500,表示 A 型三角带,标准长即(　　)长度为 2 500 mm。

130. 影响切削温度的主要因素除切削用量和切削液的使用情况外,还有(　　)和刀具角度。

131. 刀具正常磨损除磨粒磨损、黏结磨损外,还有相变磨损和(　　)。

132. 切削热是通过切屑、(　　)、刀具和周围介质传散的。

133. 机械性能是指金属材料在外力作用下所表现的(　　)能力。

134. 公差带的位置由(　　)确定。

135. 定位误差由基准不重合误差和(　　)误差组成。

136. 齿轮传动基本要求是瞬时传动比(　　)和承载能力强。

137. 机械性能又称(　　)性能。

138. 衡量金属材料塑性的指标有(　　)和断面收缩率。

139. 刀具的磨损形式有后刀面的磨损,前刀面的磨损,(　　)同时磨损。

140. 工件材料的强度和硬度越高,刀具磨损(　　)。

141. 公差带的大小由(　　)确定。

142. 零件的加工质量包括加工精度和加工表面(　　)。

143. 车削加工时,进给量增加会使表面粗糙度(　　)。

144. 切削液的作用有冷却、(　　)、清洗及防锈等作用。

145. 在受迫振动中,当外激励频率近似等于系统频率时,会发生(　　)现象。

146. 产品装配工艺中对“三化”程度要求是指结构的(　　)、通用化和系列化。

147. 尺寸链的特征是关联性和(　　)。

148. 零件光整加工的通常方法有珩磨、研磨、超精加工及(　　)等方法。

149. 机械加工工艺规程实际上就是指规定零件机械加工工艺过程和操作方法等的(　　)。

150. 工艺过程是指生产过程中,直接改变生产对象(　　)、尺寸、相对位置、及性质的过程。

151. 零件的几何精度、表面质量、(　　)性能是评定机器零件质量的主要指标。

152. 加工经济精度是指在(　　)加工条件下(采用符合标准的设备,工艺装备和标准技术等级的工人,不延长加工时间)所能保证的加工精度。

153. 轴类零件加工中常用两端(　　)作为统一的定位基准。

154. 零件的加工误差指越小,加工精度就越(　　)。

155. 粗加工阶段的主要任务是获得(　　)的生产率。

156. 机械产品的质量可以概括为实用性、(　　)和经济性三个方面。

157. 表面残余拉应力会(　　)疲劳裂纹的扩展。

158. 机械加工工艺规程主要有工艺过程卡片和(　　)卡片两种基本形式。

159. 衡量一个工艺是否合理,主要是从(　　)、效率、生产耗费三个方面去评价。

160. 根据误差出现的规律不同可以分为系统误差、(　　)误差。

161. 在加工或装配过程中最后形成、间接保证的尺寸称为(　　)。

162. 在铸造生产中,金属液进行变质处理的目的是获得(　　)晶粒。

163. 加工弯曲工件时,应尽量使弯曲线与板料纤维方向(　　)。

164. 机械加工通常划分粗加工、半精加工和(　　)三个加工阶段。

165. 作业时间指的是基本时间和(　　)时间。

166. 工艺成本由可变成本和(　　)成本组成。

167.(　　)基准是指装配时用来确定零件或部件在产品中相对位置所依据的基准。

168. 在工序图上用来确定本工序加工表面尺寸、形状和位置所依据的基准,称为(　　)基准。

169. 在尺寸链中,凡属间接得到的尺寸称为(　　)。

170. 工件材料的强度、硬度较低时,前角应取得(　　)些。

171. 几个定位元件重复限制工件某一自由度的定位现象称为(　　)。

172. 刃磨后的刀具自开始切削直到磨损量达到磨钝标准为止所经历的总切削时间,称为(　　)。

173. 最常用的刀具材料有高速钢、(　　)。

174. 工件加工所需限制的所有自由度没有被全不限制的的定位现象,称为(　　)。

175. 有些金属在固态下随着温度的变化其晶体结构还会发生转变,这种转变称为(　　)。

二、单项选择题

1. 国标规定螺纹的小径的表示方法采用(　　)。

(A)细实线　　(B)虚线

(C)点划线　　(D)双点划线

2. 空间一直线垂直于投影平面的投影应当是(　　)。

(A)点　　(B)线　　(C)缩短的线　　(D)伸长的线

3. 蜗杆蜗轮适用于(　　)运动的传递机构中。

(A)减速　　(B)增速　　(C)等速　　(D)变化

4. 蜗杆相当于一个(　　)。

(A)螺纹　　(B)丝杠　　(C)齿条　　(D)齿轮

5. 米制蜗杆的齿形角为(　　)。

(A)14°30′　(B)30°　(C)20°　(D)24.5°

6. 法向直廓蜗杆的代号为(　　)。

(A)ZA　(B)ZN　(C)ZK　(D)ZM

7. 在安排工件表面加工顺序时,应遵循(　　)原则。

(A)先粗后精　(B)先精后粗　(C)粗、精交叉　(D)先小后大

8. 对于碳的质量分数大于0.7%的碳素钢和合金钢毛坯,常采用(　　)作为预备热处理。

(A)正火　(B)退火　(C)回火　(D)调质

9. 采用正火热处理,可以提高(　　)碳钢的硬度。

(A)低　(B)中　(C)高　(D)低和高

10. 锻件、铸件和焊接件,在毛坯制造之后,一般都安排(　　)热处理。

(A)退火或正火　(B)调质　(C)时效　(D)淬火

11. 调质热处理用于各种(　　)碳钢。

(A)低　(B)中　(C)高　(D)低和高

12. 在一个工件的加工过程中,有必要多次安排的热处理工序是(　　)热处理。

(A)调质　(B)退火或正火　(C)时效　(D)淬火

13. 渗碳层深度一般(　　)mm。

(A)不大于0.5　(B)不小于2　(C)在0.5～2　(D)为0.5

14. 低碳钢经渗碳、淬火、回火后,可提高(　　)硬度。

(A)表面层　(B)心部　(C)全部　(D)中部

15. 要求外圆的公差等级为IT5,表面粗糙度为Ra0.025 μm时,其最后加工方法应选择(　　)。

(A)研磨或超精磨　(B)精磨或精镗　(C)铣削加工　(D)车削加工

16. 一对外啮合标准直齿轮,已知齿距$P=9.42$ mm,中心距$\alpha=150$ mm,传动比$i=4$,大齿轮齿数为80,小齿轮齿数为(　　)。

(A)20　(B)25　(C)80　(D)50

17. 在液压传动系统中,用(　　)来改变液体流动方向。

(A)溢流阀　(B)换向阀　(C)节流阀　(D)调速阀

18. 液压系统中滤油器的作用是(　　)。

(A)散热　(B)连接液压管路　(C)保护液压元件　(D)储存油液

19. 固定电气设备的绝缘电阻不低于(　　)kΩ。

(A)50　(B)100　(C)200　(D)500

20. 切削时的切削热大部分由(　　)传散出去。

(A)刀具　(B)工件　(C)切屑　(D)空气

21. 画矩形外花键时,在平行于花键轴线的投影面的视图中,大径及小径(　　)绘制,并用剖面画出一部分或全部齿形。

(A)分别用粗实线和细实线　(B)均用粗实线

(C)分别用细实线和粗实线　(D)均用细实线

22. 画矩形内花键时,在平行于花键轴线的投影面上的剖视图,大径及小径(　　)绘制,并用局部视图画出一部分或全部齿形。

(A)分别用粗实线和细实线　　(B)均用粗实线
(C)分别用细实线和粗实线　　(D)均用细实线

23. 牌号属于硬质合金材料的有(　　)。
(A)T12A　　(B)YG8X　　(C)GCr15　　(D)KT300

24. GCr15是滚动轴承钢的一个牌号,其中含铬量为(　　)。
(A)2%　　(B)1.5%　　(C)15%　　(D)20%

25. 工具钢、轴承钢等锻压后,为改善其切削加工性能和最终热处理性能,常需进行(　　)。
(A)完全退火　　(B)去应力退火　　(C)正火　　(D)球化退火

26. 为了保证刀具刃部性能的要求,工具钢制造的刀具最终要进行(　　)。
(A)淬火　　(B)淬火和低温回火　　(C)淬火和中温回火　　(D)调质

27. 为了保证获得要求的机械性能,一般高速钢最终要进行(　　)。
(A)退火　　(B)淬火
(C)一次淬火和三次回火　　(D)淬火和一次回火

28. 传动平稳,无噪声,能缓冲吸振的传动是(　　)。
(A)带传动　　(B)螺旋传动　　(C)斜齿轮传动　　(D)蜗杆传动

29. 结构简单,传动比不准确,传动效率低,但本身有过载保护功能的传动是(　　)。
(A)齿轮传动　　(B)皮带传动　　(C)螺旋传动　　(D)链传动

30. 齿轮工作台面平稳性精度,就是规定齿轮在一转中,其瞬时(　　)的变化限制在一定范围内。
(A)传动比　　(B)转速　　(C)角速度　　(D)线速度

31. 传动比大而且准确的传动有(　　)。
(A)带传动　　(B)蜗杆传动　　(C)链传动　　(D)齿轮传动

32. 在液压系统中,将机械能转变为液压能的液压元件是(　　)。
(A)液压缸　　(B)滤油器　　(C)溢流阀　　(D)液压泵

33. 在液压系统中起安全保障作用的阀是(　　)。
(A)单向阀　　(B)溢流阀　　(C)顺序阀　　(D)节流阀

34. 顺序阀属于(　　)控制阀。
(A)方向　　(B)流量　　(C)压力　　(D)伺服

35. 液压缸和液压马达属于液压系统的(　　)。
(A)动力部分　　(B)控制部分　　(C)执行部分　　(D)辅助部分

36. 在切削中,影响切削力较大的刀具角度是(　　)。
(A)后角　　(B)主偏角　　(C)前角　　(D)刃倾角

37. 在切削中对刀具耐用度影响最小的是(　　)。
(A)刀具材料　　(B)切削速度　　(C)进给量　　(D)切削深度

38. 切削用量是影响切削温度的主要因素,其中(　　)对切削温度影响最大。
(A)进给量　　(B)切削速度　　(C)切削深度　　(D)切削力度

39. 消减定位误差与夹紧误差的方法是正确选择工件的定位基准,即尽可能选用(　　)为定位基准。
(A)设计基准　　(B)工序基准　　(C)工艺基准　　(D)机床基准

40. 轴类零件用双中心孔定位,能消除(　　)个自由度。
(A)三　(B)四　(C)五　(D)六
41. 任何一个未被约束的物体,在空间具有进行(　　)种运动的可能性。
(A)六　(B)五　(C)四　(D)三
42. 使定位元件所相当的支承点数目刚好等于 6 个,且按(　　)的数目分布在 3 个相互垂直的坐标平面上的定位方法称为六点定位原理。
(A)2∶2∶2　(B)3∶2∶1　(C)4∶1∶1　(D)5∶1∶0
43. 使工件相对于刀具占有一个正确位置的夹具装置称为(　　)装置。
(A)夹紧　(B)定位　(C)对刀　(D)辅助
44. 确定夹紧力方向时,应该尽可能使夹紧力方向垂直于(　　)基准面。
(A)主要定位　(B)辅助定位　(C)止推定位　(D)水平定位
45. 组合夹具是由一些预先制造好的不同形状不同规格尺寸的标准元件和组合件组合而成的,这些元件相互配合部分尺寸精度高,耐磨性好且具有一定的硬度和(　　)。
(A)耐腐蚀性　(B)较好的互换性　(C)完全互换性　(D)好的冲韧性
46. 合理地选择划线(　　),是做好划线工作的关键。
(A)方法　(B)基准　(C)工艺　(D)工具
47. 工件装夹后,在同一位置上进行钻孔、扩孔、铰孔等多次加工,通常选用(　　)钻套。
(A)快换　(B)可换　(C)固定　(D)活动
48. 以下关于切削液润滑作用说法不正确的是(　　)。
(A)可以减少切削过程中摩擦　(B)可以减少切削阻力
(C)可以显著提高表面质量　(D)可以降低刀具耐用度
49. 铣削镁合金时,禁止使用(　　)切削液。
(A)水溶液　(B)压缩空气　(C)燃点高的矿物油　(D)燃点高的植物油
50. 圆轴在扭转变形时,其截面上只受(　　)。
(A)正压力　(B)扭曲应力　(C)剪应力　(D)弯矩
51. 既支承传动件又传递运动,又同时承受弯曲和扭转作用的轴,称为(　　)。
(A)转轴　(B)心轴　(C)主轴　(D)传动轴
52. 在三相四线制电路中,若其中任意一相短路或断路,其他两相将(　　)。
(A)正常工作　(B)不工作　(C)有影响　(D)间断
53. 金属导体的电阻与(　　)无关。
(A)导线的长度　(B)导线的横截面积
(C)导线材料的电阻率　(D)外加电压
54. 电气故障失火时,不能使用(　　)灭火。
(A)干粉　(B)酸碱泡沫　(C)二氧化碳　(D)四氯化碳
55. 生产上常采用的安全电压为(　　)V。
(A)50　(B)45　(C)40　(D)36
56. 把电气设备的金属外壳接到线路系统中的中性线上,称做(　　)。
(A)保护接零　(B)接地保护　(C)保护接中线　(D)保护接地
57. 全面质量管理中常使用的排列图、直方图、因果图等属于(　　)方法。

(A)直接控制 (B)数理统计 (C)检查统计 (D)统计管理

58. 生产人员在质量管理方面必须严格做好“三按和一控”工作。一控是指自控正确率。其正确率应达( )。

(A)93% (B)95% (C)98% (D)100%

59. 提高衡量产品质量的尺度,产品质量的优劣,不仅以是否符合国家或上级规定的质量标准来衡量,更重要的是以满足用户需要的程度来衡量,不仅要衡量产品本身的质量,还要衡量( )质量。

(A)包装 (B)运输 (C)服务 (D)销售

60. 生产班组的中心任务,是在不断提高技术理论水平和实际操作技能的基础上,以( )为中心,全面完成工厂,车间和工段的生产任务和各项经济技术指标。

(A)提高工作效率 (B)提高经济效益 (C)保证质量 (D)完成任务

61. 做好调度工作的计划性是以( )为依据,指挥生产。

(A)生产作业计划 (B)以车间分配的任务

(C)生产进度 (D)出产进度

62. 经过机械加工的基准称为( )。

(A)精基准 (B)粗基准 (C)半精基准 (D)高基准

63. 夹紧力的方向应尽量( )于工件的主要定位基准面。

(A)垂直 (B)平行 (C)低 (D)高

64. 夹紧力的方向应尽量与切削力的方向保持( )。

(A)垂直 (B)平行 (C)相反 (D)一致

65. 只要满足加工要求,少于( )的定位,称为部分定位。

(A)三点 (B)四点 (C)五点 (D)六点

66. 只要满足加工要求,少于六点的定位,称为( )。

(A)部分定位 (B)全定位 (C)超定位 (D)局部定位

67. 工艺系统,受到力与热的作用时,都会产生( )。

(A) 变形误差 (B)加工误差 (C)定位误差 (D)测量误差

68. 切割玻璃、硬化钢、绞合光纤及瓷砖用( )锯条。

(A) 不锈钢 (B)碳素钢 (C)碳化砂 (D) 合金

69. 带锯条在正式使用前一定要进行( )。

(A) 磨合 (B)磨削 (C)热处理 (D) 时效处理

70. ( )会产生变形误差。

(A) 工艺系统 (B)加工系统 (C)定位系统 (D) 测量系统

71. 锯条分为:双金属锯条、( )、高速钢锯条和碳钢锯条。

(A) 碳化砂锯条 (B)高碳钢锯条 (C)工具钢锯条 (D)不锈钢锯条

72. 顺序阀属于( )控制阀。

(A)方向 (B)流量 (C)压力 (D)伺服

73. 预备热处理包括( )、正火、时效和调质。

(A)退火 (B)淬火 (C)渗氮 (D)渗碳

74. 图样中尺寸界线用( )线绘制。

(A)粗实　(B)细实　(C)虚　(D)细点划

75. 角度尺寸标注时,角度的数字应(　　)书写。

(A)水平　(B)横向　(C)倾斜　(D)任意

76. 仅画出机件上某一倾斜部分实形的视图称为(　　)视图。

(A)局部　(B)基本　(C)斜　(D)旋转

77. 最终热处理包括淬火和回火、渗碳淬火和(　　)等热处理方法。

(A)退火　(B)渗氮　(C)调质　(D)正火

78.(　　)的目的是提高材料综合力学性能。

(A)退火　(B)渗氮　(C)调质　(D)正火

79.(　　)目的是消除切削加工应力,稳定尺寸。

(A)退火　(B)渗氮　(C)调质　(D)时效

80.(　　)的目的是提高材料的硬度、强度和耐磨性。

(A)淬火和回火　(B)渗氮　(C)调质　(D)时效

81.(　　)的目的是提高钢件表面层的硬度、耐磨性和疲劳强度,并保持其内部的塑性和韧性。

(A)淬火和回火　(B)渗氮　(C)渗碳淬火　(D)时效

82.(　　)目的是提高工件表面硬度、耐磨性、抗疲劳强度和抗腐蚀性。

(A)淬火和回火　(B)渗氮　(C)渗碳淬火　(D)时效

83. 标注尺寸的起点叫(　　)。

(A)尺寸基准　(B) 定位基准　(C)加工基准　(D)系统基准

84. 切削塑性金属时,切削力一般是随着切削速度的提高而(　　)。

(A)减小　(B) 提高　(C)不变　(D)剧增

85. 以下属于金属物理性能的参数有(　　)。

(A)屈服点　(B)熔点　(C)伸长率　(D)韧性

86. 圆柱体工件在长 V 形架上定位,限制了(　　)个自由度。

(A)六　(B)五　(C)四　(D)三

87. 用三个支撑点对工件的平面进行定位,能限制(　　)个自由度。

(A)六　(B)五　(C)四　(D)三

88. 对刀具切削部分材料的要求是有足够的强度和韧性、硬度高、耐磨性好、有良好的工艺性能、(　　)。

(A)耐冷性　(B)耐酸性

(C)有良好的加工性能　(D)耐热性好

89. 对刀具切削部分材料的要求是有(　　)、硬度高、耐磨性好、有良好的工艺性能、耐热性好。

(A)耐冷性　(B)足够的强度和韧性

(C)有良好的加工性能　(D)韧性

90. 正火的目的之一是(　　)。

(A)形成网状渗碳体　(B)提高钢的硬度

(C)提高钢的熔点　(D)消除网状渗碳体

91. 非金属材料有人造金刚石和(　　)及陶瓷。
(A)高速钢　(B)低碳钢　(C)二氧化硅　(D)立方氮化硼
92. 锯条锯齿的最主要角度参数是前角、后角、(　　)。
(A)主偏角　(B)楔角　(C)偏角　(D)次偏角
93. 用两个相交的剖切平面,将机件剖开,所得的剖视图称为(　　)剖视图。
(A)半　(B)旋转　(C)阶梯　(D)复合
94. 机械加工工艺过程由一系列的(　　)组合而成。
(A)工位　(B)工步　(C)工序　(D)工艺
95. 切削脆性金属时,(　　)对切削力没有显著的影响。
(A)切削速度　(B)转速　(C)进速　(D)加工角度
96. 一般被加工材料材质较软时,选锯片锯齿较(　　)的前角。
(A)大　(B)中　(C)小　(D)合适
97. 一般碳钢淬火冷却介质为淬火油、(　　)。
(A)机油　(B)柴油　(C)水　(D)空气
98. 设计时给定的尺寸称为(　　)。
(A)设计尺寸　(B)基本尺寸　(C)工艺尺寸　(D)实际尺寸
99. 会使钢产生冷脆性的元素是(　　)。
(A)锰　(B)硅　(C)磷　(D)硫
100. 以下不属于切削液的是(　　)。
(A)水溶液　(B)乳化液　(C)切削油　(D)防锈剂
101. 锯床锯带速度由(　　)、材料的宽度及锯带的拉力所决定。
(A)材料的种类　(B)乳化液浓度　(C)锯带的硬度　(D)锯带厚度
102. 所谓六点定位,就是用适当分布的并与工件接触的六个固定支点来限制工件的六个(　　)。
(A)点　(B)线　(C)自由度　(D)面
103. HB是代表金属材料(　　)的指标符号。
(A)抗拉强度　(B)硬度　(C)抗压强度　(D)收缩率
104. 切削加工时,工件材料抵抗刀具切削所产生的阻力称(　　)。
(A)切削阻力　(B)切削抗力　(C)切削压力　(D)切削抵力
105. 锯片锯齿的梯平齿是(　　)齿和平齿的组合。
(A)梯形　(B)左右　(C)菱形　(D)上下
106. 机床电路中热继电器的作用是(　　)保护。
(A)电器线路过载　(B)电动机过载　(C)欠压　(D)失压
107. 进行"磨合"时,应将锯床参数调整至正常锯削效率的(　　)%左右。
(A)25　(B)45　(C)50　(D)60
108. 大气污染的主要来源有:燃煤污染、(　　)。
(A)工业污染源　(B)工业污染源、汽车尾气
(C)化工废气　(D)汽车尾气、化工废气
109. 切割石材用(　　)锯片。

(A))合金钢　(B)高速钢　(C)金刚石　(D)陶瓷

110. 高速钢由于(　)好,弥补了碳素工具钢的致命缺点,可以用来制造切削工具。

(A))耐热性　(B)红硬性　(C)硬度　(D)韧性

111. 机械加工工艺过程划分为:粗加工、半精加工,精加工及(　)4 个阶段。

(A))半粗加工　(B)下料　(C)最终加工　(D)光整加工

112. 锯条磨合时只能使用(　)的正常进给压力,进给速率和锯切速度。

(A)25 %　(B)45 %　(C)50%　(D)60%

113. 机械加工工艺过程是按(　)的结构形式组成的。

(A) 工序—安装—工位—工步　(B)工序—工位—工步

(C)工序—组装—工步　(D)安装—工位—工步

114. 切削管材、型材时,由于切削长度有很大的变化,锯条容易产生(　)。

(A) 缺口　(B)断裂　(C)裂纹　(D)缺陷

115. 切削速度过低就会产生凹心或切断、(　)等现象。

(A) 弯曲　(B)断裂　(C)裂纹　(D)缺陷

116. 磨合期切削的重点,锯条速度以标准锯条速度的(　)。

(A)25 %　(B)45 %　(C)50%　(D)60%

117. 磨合期,面积合适的为一般为(　)cm^2。

(A)250　(B)145　(C)650　(D)700

118. 间隙若(　),材料切断结束时会造成打齿现象。

(A)大　(B)合适　(C)小

119. 影响质量的五个因素是人、机器、材料、方法和(　)。

(A)环境温度　(B)技术水平　(C)工艺装备　(D)环境

120. 安装锯条后必须检查锯条的(　)。

(A)宽度　(B)硬度　(C)角度　(D)张紧度

121.(　)的锯条在使用中易造成开裂。

(A)张紧度合适　(B)硬度大　(C)过紧　(D)过松

122. 检查锯条张紧度的工具是(　)。

(A)张力仪　(B)松紧器　(C)盒尺　(D)卡尺

123. 带锯床通常使用(　)切削液。

(A)水性　(B)水溶性　(C)油性　(D)润滑

124. 锯条内部应力、(　)、机械性质等有差异,对带锯条的切削会产生直接或间接的影响。

(A)材料组织　(B)硬度　(C)宽度　(D)厚度

125. 机床箱体材料常采用(　)。

(A)铸钢　(B)铝合金　(C)钢　(D)铸铁

126. 粗基准原则上能使用(　)次。

(A)一　(B)二　(C)三　(D)四

127. 布氏硬度用(　)表示。

(A)HRC　(B)HV　(C)HB　(D)HBB

128. 洛氏硬度用(　　)表示。
(A)HRC　(B)HV　(C)HB　(D)HBB
129. 维氏硬度用(　　)表示。
(A)HRC　(B)HV　(C)HB　(D)HBB
130. 应该根据被切削材料的(　　)来选择切削条件。
(A)机械性质　(B)硬度　(C)宽度　(D)厚度
131. 对铸件应根据氧化皮的(　　)来确定如何减少切削量。
(A)机械性质　(B)硬度　(C)宽度　(D)厚度
132. 选择适合管材、型材壁厚的齿距的带锯条,应充分考虑(　　)和锯条线速度。
(A)加工量　(B)硬度　(C)切入量　(D)厚度
133. 选择适合管材、型材壁厚的齿距的带锯条,应充分考虑切入量和锯条(　　)。
(A)加工量　(B)硬度　(C)线速度　(D)厚度
134. 材料(　　)的材料,可调高锯条速度。
(A)硬度高、强度低　(B)硬度低、强度低　(C)硬度低、强度高　(D)硬度高、强度高
135. 材料硬度高、强度高的材料,锯床的下降速度调到(　　)。
(A)最高　(B)最低　(C)高　(D)低
136. 不锈钢的耐蚀性随含碳量的增加而(　　)。
(A)增加　(B)降低　(C)俱增　(D)不变
137. 锯床停止工作时要(　　)锯条以延长锯条的使用寿命。
(A)卸下　(B)张紧　(C)松开　(D)安装
138. 刀具失效的形式可分为(　　)磨损和非正常磨损两大类。
(A)正常　(B)异常　(C)正确　(D)切削
139. 45 号钢属于(　　)。
(A)普通钢　(B)优质钢　(C)高级优质钢　(D)最优质钢
140. 超硬刀具材料主要指立方氮化硼和(　　)。
(A)硬质合金　(B)陶瓷　(C)金刚石　(D)高速钢
141. 液压油的黏度(　　)。
(A)与温度无关　(B)与压力无关　(C)随压力变化　(D)随温度变化
142. 属于中碳钢的是(　　)。
(A)20　(B)40Cr　(C)10　(D)T8
143. 下列属于中碳钢的是(　　)。
(A)20　(B)20Cr　(C)45　(D)T8
144. 下列不属于位置公差的是(　　)。
(A)垂直度　(B)圆柱度　(C)同轴度　(D)位置度
145. 下列不属于形状公差的是(　　)。
(A)直线度　(B)平面度　(C)圆度　(D)平行度
146. 下列不属于现代机床夹具发展方向的是(　　)。
(A)标准化　(B)精密化　(C)高效自动化　(D)不可调整
147. 高速钢是含有钨、铬、钒、(　　)等合金元素较多的合金钢。

(A)锌　(B)钼　(C)铅　(D)锡

148. 不属于硬质合金的优点是(　　)。

(A)韧性好　(B)耐磨性好　(C)硬度高　(D)耐高温,可高速车削

149. 溢流阀在液压油路中经常起(　　)作用,故称安全阀。

(A)卸荷　(B)稳定压力　(C)过载保护　(D)外控

150. 以下属于金属物理性能的参数有(　　)。

(A)屈服点　(B)熔点　(C)伸长率　(D)韧性

151. 下列不属于摩擦式带传动的有(　　)。

(A)平带传动　(B)V带传动　(C)同步带传动　(D)多楔带传动

152. 以下不属于组合夹具的同一分类范畴的是(　　)。

(A)气动组合夹具　(B)液压组合夹具

(C)电磁和电动组合夹具　(D)车床组合夹具

153. 下列千分尺不存在的有(　　)。

(A)分度圆千分尺　(B)深度千分尺　(C)螺纹千分尺　(D)内径千分尺

154. 万能角度尺是用来测量工件(　　)的量具。

(A)内外角度　(B)外圆弧度　(C)内圆弧度　(D)直线度

155. 常用润滑油有齿轮油、(　　)。

(A)铅粉　(B)机械油　(C)石墨　(D)二硫化钼

156. 三角带传动在机械传动中使用广泛,它的主要缺点是(　　)。

(A)噪声大　(B)成本高　(C)传动不平稳　(D)传动比不固定

157. 下列不符合安全用电措施的是(　　)。

(A)电气设备要有绝缘电阻　(B)电气设备要安装正确

(C)采用各种保护措施　(D)使用手电钻不准戴绝缘手套

158. 双柱带锯床工作夹紧采用(　　)夹紧,操作方便。

(A)机械　(B)气动　(C)液压　(D)螺栓

159. 每天工作结束后,松弛锯条,将张力调到(　　)bar,避免机床受到不必要的应力。

(A)50　(B)20　(C)10　(D)5

160. 在使用自动夹紧装置时(MA型),行程仅(　　)mm。

(A)50　(B)20　(C)10　(D)8

161. 双柱带锯床又叫(　　)。

(A)带锯床　(B)立式带锯床　(C)卧式带锯床　(D)倒式带锯床

162. 锯片锯齿部分的角度参数前角γ、后角α、楔角β三者之和等于(　　)。

(A)50°　(B)90°　(C)120°　(D)180°

163. 热处理工艺一般包括加热、(　　)、冷却三个过程。

(A)回火　(B)保温　(C)淬火　(D)调质

164. 锯床锯带张力在(　　)kg以上,潜在锯带带条容易断裂。

(A)20　(B)10　(C)14.5　(D)12

165. 用于实木、家具、人造板、铝合金、铝型材、散热器、塑料、塑钢等切割的合金锯片是(　　)合金锯片。

(A)铝　(B)镁　(C)硬质　(D)铜

166. 锯切实木、刨花板、中密板应选(　　)锯片。

(A)平齿　(B)高碳钢　(C)工具钢　(D)左右齿

167. 影响刀具切削性能的主要因素有:刀具几何参数、刀具材料、(　　)、工件材料及其机械性能等。

(A)切削用量　(B)加工速度　(C)转速　(D)机床性能

168. 为了提高高速钢刀具的使用寿命,可对其表面进行(　　)处理。

(A)回火　(B)强化　(C)正火　(D)调质

169. 切割玻璃、硬化钢、绞合光纤及瓷砖用的锯条是(　　)锯条。

(A)碳化砂　(B)高速钢　(C)工具钢　(D)陶瓷

170. 为了降低钢件的脆性,将淬火后的钢件在高于室温而低于(　　)℃的某一适当温度进行长时间的保温,再进行冷却,这种工艺称为回火。

(A)650　(B)800　(C)950　(D)1 200

171. 锯切工作完成后,应切断(　　),把各操作手柄置空位上。

(A)气源　(B)风源　(C)电源　(D)水源

172. 锯片锯齿的前角 γ 是锯齿的切入角,前角一般在(　　)°之间。

(A)15～20　(B)10～15　(C)14.5～15　(D)12～15

三、多项选择题

1. 轴类零件轴线水平放置的优点是(　　)。

(A)有利于标注尺寸　(B)便于加工和测量

(C)有利于反映出轴的结构特征　(D)基准正确

2. 轴类零件图的轴肩槽采用局部放大的表达方法,该表达方法有利于(　　)。

(A)基准选择　(B)加工

(C)对其几何形状的了解　(D)尺寸标注

3. 夹紧力的方向应尽量(　　)。

(A)垂直于工件表面　(B)平行于工件表面

(C)垂直于工件的主要定位基准面　(D)平行于工件的主要定位基准面

(E)与切削力的方向保持一致　(F)与切削力的方向垂直

4. 夹紧力的作用点(　　)。

(A)不能落在主要定位面上　(B)应尽量落在主要定位面上

(C)尽量作用在工件刚性较好的部位　(D)应与支撑点相对

(E)应远离加工表面　(F)应尽量靠近加工表面

5. 圆柱体工件在长 V 形架上定位,限制了(　　)四个自由度。

(A)沿 X 轴移动　(B)沿 X 轴转动

(C)沿 Y 轴移动　(D)沿 Y 轴转动

(E)沿 Z 轴移动　(F)沿 Z 轴转动

6. 用三个支撑点对工件的平面进行定位,能限制(　　)三个自由度。

(A)沿 X 轴移动　(B)沿 X 轴转动

(C)沿 Y 轴移动　(D)沿 Y 轴转动
(E)沿 Z 轴移动　(F)沿 Z 轴转动

7. 常用的夹紧装置有(　　)等多种。
(A)支撑钉夹紧装置　(B)辅助支撑夹紧装置
(C)螺旋夹紧装置　(D)模块夹紧装置
(E)偏心夹紧装置　(F)垂直夹紧装置

8. 常用的螺旋夹紧装置有(　　)。
(A)塞铁式夹紧装置　(B)螺钉式夹紧装置
(C)螺母式夹紧装置　(D)模块式夹紧装置
(E)螺旋压板式夹紧装置　(F)螺旋杠杆式夹紧装置

9. 对刀具切削部分材料的要求是(　　)。
(A)有足够的强度和韧性　(B)硬度高、耐磨性好
(C)有良好的工艺性能　(D)耐热性好

10. 正火的目的是(　　)。
(A)形成网状渗碳体　(B)提高钢的密度
(C)提高钢的熔点　(D)消除网状渗碳体

11. 一般碳钢淬火冷却介质为(　　)。
(A)机油　(B)淬火油　(C)水　(D)空气

12.(　　)不适合使用组合夹具。
(A)新产品的试制　(B)单件生产
(C)临时性的突击任务　(D)成批生产

13. 高速钢是含有(　　)等合金元素较多的合金钢。
(A)钨　(B)铬　(C)钒
(D)锡　(E)钼　(F)锌

14. 硬质合金的优点是(　　)。
(A)韧性好　(B)耐冲击
(C)硬度高　(D)耐高温,可高速车削
(E)耐磨性好　(F)容易磨得锋利

15. 爱护设备的做法是(　　)。
(A)私自拆装设备　(B)正确使用设备
(C)保持设备清洁　(D)及时保养设备

16. 爱护工、卡、刀、量具的做法有(　　)。
(A)按规定维护工、卡、刀、量具　(B)工、卡、刀、量具放在床面上
(C)正确使用工、卡、刀、量具　(D)工、卡、刀、量具要放在指定地点

17. 下列说法不正确的是(　　)。
(A)两个基本体表面相交时,两表面相交处不应画出交线
(B)两个基本体表面不平齐时,视图上两基本体之间无分界线
(C)两个基本体表面相切时,两表面相切处应画出切线
(D)两个基本体表面平齐时,视图上两基本体之间无分界线

18. 下列说法不正确的是(　　)。
(A)画局部放大图时应在视图上用粗实线圈出被放大部分
(B)局部放大图不能画成剖视图或剖面图
(C)回转体零件上的平面可用两相交的细实线表示
(D)将机件的肋板剖开时,必须画出剖面线
19. 用“几个相交的剖切平面”画剖视图,说法正确的是(　　)。
(A)相邻的两剖切平面的交线应垂直于某一投影面
(B)应先剖切后旋转,旋转到与某一选定的投影面平行时在投影
(C)旋转部分的结构必须与原图保持投影关系
(D)位于剖切平面后的其他结构一般仍按原位置投影
20. 分组装配法属于典型的不完全互换性,它一般不用在(　　)。
(A)加工精度要求很高时　　(B)装配精度要求很高时
(C)装配精度要求较低时　　(D)厂际协作或配件的生产
21. 当零件所有表面具有相同的表面结构要求时,不可以在图样的(　　)进行标注。
(A)左上角　　(B)右上角　　(C)空白处　　(D)任何地方
22. 以下不属于金属物理性能的参数有(　　)。
(A)屈服点　　(B)熔点　　(C)伸长率　　(D)韧性
23. 不会使钢产生冷脆性的元素是(　　)。
(A)锰　　(B)硅　　(C)磷　　(D)硫
24. 45 号钢不属于(　　)。
(A)普通钢　　(B)优质钢　　(C)高级优质钢　　(D)最优质钢
25. 属于摩擦式带传动的有(　　)。
(A)平带传动　　(B)V 带传动　　(C)同步带传动　　(D)多楔带传动
26. 以下属于组合夹具的同一分类范畴的有(　　)。
(A)气动组合夹具　　(B)液压组合夹具
(C)电磁和电动组合夹具　　(D)车床组合夹具
27. 下列千分尺存在的有(　　)。
(A)分度圆千分尺　　(B)深度千分尺　　(C)螺纹千分尺　　(D)内径千分尺
28. 万能角度尺不是用来测量工件(　　)的量具。
(A)内外角度　　(B)外圆弧度　　(C)内圆弧度　　(D)直线度
29. 圆柱齿轮传动的精度要求有(　　)等几方面。
(A)几何精度　　(B)平行度　　(C)运动精度
(D)工作平稳性　　(E)垂直度　　(F)接触精度
30. 常用润滑油有(　　)。
(A)齿轮油　　(B)机械油　　(C)石墨
(D)二硫化钼　　(E)冷却液
31. 以下属于切削液作用的是(　　)。
(A)冷却　　(B)润滑　　(C)提高切削速度　　(D)清洗
32. 以下属于切削液的是(　　)。

(A)水溶液　(B)乳化液　(C)切削油　(D)防锈剂

33. 识读装配图的目的是了解装配图的(　　)。

(A)名称　(B)用途　(C)性能

(D)结构　(E)精度等级　(F)工作原理

34. 润滑剂的作用有(　　)等。

(A)防锈　(B)磨合　(C)静压

(D)润滑　(E)冷却　(F)密封

35. 装配图中标注的尺寸包括(　　)等。

(A)规格尺寸　(B)装配尺寸　(C)安装尺寸　(D)总体尺寸

36. 制定工艺规程的目的主要是(　　)。

(A)充分发挥机床的效率　(B)减少工人的劳动强度

(C)指导工人的操作　(D)便于组织生产和实施工艺管理

(E)按时完成生产计划　(F)改善工人的劳动条件

37. 钢铁材料是由(　　)、锰以及磷、硫等杂质元素所组成的金属材料。

(A)铁　(B)碳　(C)钠　(D)硅

38. 常用固体润滑剂有(　　)。

(A)钠基润滑脂　(B)锂基润滑脂　(C)二硫化钼

(D)聚四氟乙烯　(E)N7　(F)石墨

39. 划线基准一般可用的类型有(　　)。

(A)以两个相互垂直的平面(或线)为基准　(B)以一个平面和一条中心线为基准

(C)一条中心线　(D)两条中心线

(E)一条或两条中心线　(F)三条中心线

40. 符合熔断器选择的原则有(　　)。

(A)根据使用环境选择类型　(B)根据负载性质选择类型

(C)根据线路电压选择其额定电压　(D)分断能力应小于最大短路电流

41. 接触器适用于(　　)。

(A)频繁通断的电路　(B)电动机控制电路

(C)大容量控制电路　(D)室内照明控制电路

42. 电流对人体的伤害程度与(　　)有关。

(A)通过人体电流的大小　(B)通过人体电流的时间

(C)电流通过人体的部位　(D)触电者的性格

43. 车床电气控制线路要求有(　　)。

(A)必须有过载、短路、欠压、失压保护　(B)主电动机启动、停止采用按钮操作

(C)工作时必须启动冷却泵电机　(D)具有安全的局部照明装置

44. 正确的触电救护措施是(　　)。

(A)迅速切断电源　(B)人工呼吸　(C)胸外挤压　(D)打强心针

45. 符合安全用电措施的是(　　)。

(A)电气设备要有绝缘电阻　(B)电气设备要安装正确

(C)采用各种保护措施　(D)使用手电钻不准戴绝缘手套

46. 工业企业对环境污染的防治措施包括(　　)。
(A)防治固体废弃物污染　　(B)开发防治污染新技术
(C)防治能量污染　　(D)防治水体污染
47. 企业的质量方针是(　　)。
(A)企业总方针的重要组成部分　　(B)规定了企业的质量标准
(C)每个职工必须熟记的质量准则　　(D)企业的岗位工作职责
48. 属于岗位质量措施与责任的是(　　)。
(A)明确岗位质量责任制度
(B)岗位工作要按作业指导书进行
(C)明确上下工序之间相应的质量问题的责任
(D)满足市场的需求
49. 表面粗糙度对零件使用性能的影响包括(　　)。
(A)对配合性质的影响　　(B)对摩擦、磨损的影响
(C)对零件抗腐蚀性的影响　　(D)对零件塑性的影响
50. 画零件图的方法步骤包括(　　)。
(A)选择比例和图幅　　(B)布置图面,完成底稿
(C)检查底稿后,再描深图形　　(D)填写标题栏
(E)标注尺寸　　(F)存档保存
51. 有关"表面粗糙度",下列说法正确的是(　　)。
(A)是指加工表面上所具有的较小间距和峰谷所组成的微观几何形状特性
(B)表面粗糙度不会影响到机器的工作可靠性和使用寿命
(C)表面粗糙度实质上是一种微观的几何形状误差
(D)一般是在零件加工过程中,由于机床—刀具—工件系统的振动等原因引起的
52. 防止或减小薄壁工件变形的方法包括(　　)。
(A)采用轴向夹紧装置　　(B)采用辅助支撑
(C)减小接触面积　　(D)增大接触面积工艺肋
(E)增大刀具尺寸　　(F)采用专用夹具
53. 增大装夹时的接触面积,可采用特制的(　　),这样可使夹紧力分布均匀,减小工件的变形。
(A)软卡爪　　(B)套筒　　(C)夹具
(D)开缝套筒　　(E)定位销
54. 在切削过程中,对切削力有影响的包括(　　)。
(A)切削深度　　(B)进给量　　(C)切削速度　　(D)工件材料
55. 刀具材料应具有足够的(　　),以抵抗切削时的冲击力。
(A)强度　　(B)韧性　　(C)耐热性
(D)硬度　　(E)耐磨性
56. 为了减小表面粗糙度,可以减小(　　)。
(A)前角　　(B)副偏角　　(C)刀尖圆弧半径　　(D)进给量
57. 高速钢具有(　　)等优点。

(A)制造简单　(B)刃磨方便　(C)刃口锋利　(D)韧性好
(E)硬度高　(F)耐冲击

58. 离合器的作用是使同一轴线的两根轴,或轴与轴上的空套传动件随时接通或断开,以实现机床的(　　)等动作。

(A)启动　(B)停止　(C)自控
(D)变速　(E)换向　(F)挂轮

59. 离合器的种类较多,常用的有(　　)。

(A)啮合式离合器　(B)摩擦离合器　(C)叶片离合器
(D)齿轮离合器　(E)超越离合器　(F)无极离合器

60. 啮合式离合器可分为(　　)。

(A)螺旋面　(B)摩擦片式　(C)齿轮式　(D)牙嵌式

61. 单位时间定额是由(　　)五部分组成的。

(A)基本时间　(B)辅助时间　(C)布置工作场地时间
(D)测量时间　(E)准备与结束时间　(F)休息和生理需要时间

62. 机床照明灯应选(　　)V 电压供电。

(A)220　(B)110　(C)36　(D)24

63. 交流接触器是由(　　)四部分组成。

(A)触头　(B)消弧装置　(C)铁芯
(D)壳体　(E)线圈　(F)弹簧

64. 现代机床夹具发展方向的是(　　)。

(A)标准化　(B)精密化　(C)高效自动化　(D)复杂化

65. 夹紧机构的形式有(　　)等。

(A)斜楔夹紧机构　(B)螺纹夹紧机构　(C)偏心夹紧机构
(D)铰链夹紧机构　(E)定心夹紧机构　(F)联动夹紧机构

66. 属于形状公差的是(　　)。

(A)直线度　(B)平面度　(C)圆度　(D)平行度

67. 属于位置公差的是(　　)。

(A)垂直度　(B)圆柱度　(C)同轴度　(D)位置度

68. 属于中碳钢的是(　　)。

(A)20 号钢　(B)40Cr　(C)45 号钢　(D)T8

69. 金属材料的性能主要有(　　)。

(A)物理性能　(B)化学性能　(C)力学性能　(D)工艺性能

70. 超硬刀具材料主要指(　　)。

(A)硬质合金　(B)立方氮化硼　(C)金刚石　(D)高速钢

71. 加工工序的安排原则(　　)。

(A)基面先行原则　(B)先粗后精原则　(C)先主后次原则　(D)先面后孔原则

72. 表面强化常用的方法有(　　)。

(A)喷丸强化　(B)滚压加工　(C)液体磨料强化　(D)时效处理

73. 加工阶段可以划分为(　　)。

(A)粗加工阶段 (B)半精加工阶段 (C)精加工阶段 (D)光整加工阶段

74. 精基准的选择原则有( )。

(A)基准重合原则 (B)基准统一原则 (C)自为基准原则 (D)互为基准原则

75. 影响冷作硬化的因素有( )。

(A)刀具的影响 (B)切削用量的影响

(C)工件材料的影响 (D)设备的影响

76. 切削液的作用有( )。

(A)冷却 (B)润滑 (C)清洗 (D)防锈

77. 工艺系统的几何误差包括( )。

(A)加工方法的原理误差

(B)制造和磨损所产生的机床几何误差和传动误差,调整误差

(C)刀具、夹具和量具的制造误差

(D)工件的安装误差

78. 零件的( )是评定机器零件质量的主要指标。

(A)工艺方法 (B)几何精度 (C)表面质量 (D)物理机械性能

79. 获得尺寸精度的方法有( )。

(A)试切法 (B)定尺寸刀具法 (C)调整法 (D)自动获得尺寸法

80. 零件光整加工的通常方法有( )。

(A)珩磨 (B)研磨 (C)超精加工 (D)抛光

81. 平面可以采用加工方法有( )。

(A)车削 (B)铣削 (C)拉削 (D)磨削

82. 工件表面的形成运动有( )。

(A)主运动 (B)进给运动

(C)定位和调整运动 (D)退刀运动

83. 切削用量优化模型中的目标函数可以是( )。

(A)最短时间工序 (B)最小工序成本

(C)最大刀具耐用度 (D)最大利润

84. 提高连接表面接触刚度的措施有( )。

(A)减小外载荷 (B)减小连接表面的粗糙度

(C)施加载荷 (D)提高连接表面的硬度

85. 刃倾角主要影响( )。

(A)刀尖强度 (B)主切削力

(C)刀具与工件的摩擦 (D)切削流动方向

86. 缩短基本工艺时间的措施有( )。

(A)提高切削用量 (B)实现加工过程自动化

(C)采用多刀多刃进行加工 (D)采用复合工步

87. 下列误差因素中属于随机误差因素的有( )。

(A)定位误差 (B)夹紧误差

(C)工艺系统几何误差 (D)工艺系统热变形

88. 切削加工时,须有两个进给运动的有(　　)。
(A)刨斜面　(B)磨外圆　(C)铣直齿　(D)滚齿
89. 切削运动中,具有间歇运动特点的机床有(　　)。
(A)插床　(B)刨床　(C)车床　(D)铣床
90. 切削运动中,具有往复运动特点的机床有(　　)。
(A)插床　(B)刨床　(C)磨床　(D)铣床
91. 切削区切削温度的高度主要取决于(　　)。
(A)切削热产生的多少　(B)切屑的种类
(C)散热条件　(D)切屑的形状
92. 影响表面粗糙度的因素有(　　)。
(A)刀具角度　(B)切削用量　(C)加工方法　(D)切削液
93. 改善材料的切削加工性的方法有(　　)。
(A)退火　(B)正火
(C)使用性能优良的切削液　(D)淬火
94. 适用于加工金属工件微小孔径的特种加工方法有(　　)。
(A)电子束加工　(B)激光加工　(C)电火花加工　(D)电解加工
95. 数控机床常用于(　　)场合。
(A)多品种小批量　(B)形状复杂零件　(C)柔性制造系统　(D)大批量
96. 为了提高车削的生产效率常采用(　　)。
(A)高速切削　(B)连续切削　(C)精细车削　(D)强力切削
97. 车削外圆时,若车刀安装过高,则刀具角度的变化是(　　)。
(A)工作前角变小　(B)工作前角变大　(C)工作后角变大　(D)工作后角变小
98. 磨削能够加工硬度高的材料是因为(　　)。
(A)磨粒硬度高　(B)砂轮硬度高　(C)砂轮具有自锐性　(D)砂轮组织紧密
99. 纠正钻偏的措施是采用(　　)。
(A)扩孔　(B)镗孔　(C)磨孔　(D)拉孔
100. 锯条可分类为(　　)。
(A)双金属锯条　(B)碳化砂锯条　(C)高速钢锯条　(D)碳钢锯条
101. 锯床机械分类(　　)。
(A)圆锯床　(B)带锯床　(C)弓锯床　(D)电锯
102. 下面属于安全电压的有(　　)。
(A)24 VDC　(B)36 VDC　(C)220 VAC　(D)380 VAC
103. 尺寸精度的获得方法有(　　)。
(A)试切法　(B)调整法　(C)定尺寸刀具法　(D)自动控制法
104. 消除或减小加工硬化的措施有(　　)。
(A)加大刀具前角　(B)提高刀具刃磨质量
(C)改善工件的切削加工性　(D)降低切削速度
105. 支持快速原型制造技术的关键技术包括(　　)等。
(A)CAD 技术　(B)计算机数控技术

(C)生物技术　　(D)材料科学

106. 平面加工方法有(　　)等。

(A)车削　　(B)铣削　　(C)磨削　　(D)拉削

107. 研磨加工可以(　　)。

(A)提高加工表面尺寸精度　　(B)降低加工表面粗糙度

(C)提高加工表面形状精度　　(D)提高加工表面的硬度

108. 用于切削加工的 FMS 主要有(　　)。

(A)加工系统　　(B)运储系统

(C)计算机控制系统　　(D)系统软件

109. 砂型铸造用的型砂应具备的主要性能有(　　)。

(A)强度　　(B)透气性　　(C)耐火性　　(D)退让性

110. 量规按用途可分为(　　)。

(A)工作量规　　(B)验收量规　　(C)校对量规　　(D)对比量规

111. 铁碳合金的基本组织有(　　)。

(A)铁素体　　(B)奥氏体　　(C)渗碳体　　(D)珠光体

112. 切削加工中，刀具磨损可分为(　　)。

(A)硬质点磨损　　(B)黏结磨损　　(C)扩散磨损　　(D)化学磨损

113. 根据用途的不同把工艺基准可分为(　　)。

(A)工序基准　　(B)定位基准　　(C)测量基准　　(D)装配基准

114. 常用的退火方法有(　　)。

(A)完全退火　　(B)球化退火　　(C)去应力退火　　(D)低温退火

115. 按规模级别大小，FMS 可分为(　　)。

(A)柔性制造单元　　(B)柔性制造系统

(C)柔性制造线及　　(D)柔性制造工厂

116. 金属的晶体结构类型有(　　)。

(A)体心立方晶格　　(B)面心立方晶格

(C)密排六方晶格　　(D)线型六方晶格

117. 纳米材料按其结构可分为(　　)。

(A)零维纳米材料　　(B)一维纳米材料

(C)二维纳米材料　　(D)三维纳米材料

118. 金属铸造性能主要包括金属的流动性和收缩，影响收缩的因素有(　　)。

(A)化学成分　　(B)浇铸温度　　(C)铸件条件　　(D)铸件结构

119. 与切削加工相比，特种加工的特点是(　　)。

(A)对工具，工件的硬度，强度，刚度均没有要求

(B)工件受力变形和热变形小

(C)一般不会产生加工硬化现象

(D)材料去除率高

120. 同一工步必须保证(　　)。

(A)加工表面不变　　(B)刀具不变　　(C)切削深度不变　　(D)进给量不变

121. 在基面内测量刀具的角度有(　　)。
(A)前角　(B)后角　(C)主偏角　(D)副偏角
122. 超硬刀具材料包括(　　)。
(A)高速钢　(B)硬质合金　(C)金刚石　(D)立方氮化硼
123. 下列情形易产生带状切屑的是(　　)。
(A)加工塑性材料　(B)刀具前角较大　(C)切削速度较高　(D)进给量较大
124. 刀具的工作角度受(　　)影响。
(A)刀具安装　(B)刀柄尺寸　(C)主切削运动　(D)进给运动
125. 消除或减弱铣削过程中强迫振动的方法有(　　)。
(A)提高工艺系统刚度　(B)提高工艺系统阻尼
(C)加大切削宽度　(D)使用减震器
126. 为了减小磨削表面粗糙度,磨削用量应取(　　)。
(A)高的砂轮速度　(B)高的工件速度
(C)小的纵向进给量　(D)小的磨削深度
127. 卧式带锯床根据结构卧式又分为(　　)。
(A)剪刀式　(B)双立柱式　(C)单立柱式　(D)手动经济型
128. (　　)是整体热处理中的"四把火"。
(A)退火　(B)正火　(C)淬火　(D)回火
129. 钢回火的目的有(　　)。
(A)降低脆性　(B)获得好的机械性能
(C)稳定工件尺寸　(D)降低硬度,便于加工
130. 按硬度试验方法的不同,常规表示有(　　)硬度等。
(A)布氏(HB)　(B)洛氏(HRC)　(C)维氏(HV)　(D)里氏(HL)
131. 属于形状公差的是(　　)。
(A)直线度　(B)平面度　(C)圆度　(D)平行度
132. 属于位置公差的是(　　)。
(A)垂直度　(B)圆柱度　(C)同轴度　(D)位置度
133. 属于过渡配合的是(　　)。
(A)H6/f5　(B)H6/k5　(C)H6/n5　(D)H6/m5
134. 属于过盈配合的是(　　)。
(A)H6/p5　(B)H6/h5　(C)H6/s5　(D)H6/js5
135. 切削用量是衡量切削运动大小的参数,包括(　　)。
(A)切削速度　(B)切削深度　(C)进给量　(D)切削力
136. 职业道德规范要求职工必须(　　)。
(A)助人为乐　(B)尊老爱幼　(C)爱岗敬业　(D)具有高度的责任心
137. 道德是一定社会中人们调整相互间利益关系的(　　)。
(A)思想意识　(B)行为准则　(C)兴趣爱好　(D)友好往来
138. 严格执行(　　)是职业道德的基本要求。
(A)工作程序　(B)工作规范　(C)工艺文件　(D)安全操作规程

139. 我国劳动保护三结合管理体制是(　　)等方面结合起来组成。
(A)国家监察　(B)行政管理　(C)自我管理　(D)群众监督
140. 文明生产是指在遵章守纪的基础上去创造(　　)而又有序的生产环境。
(A)整洁　(B)安全　(C)舒适　(D)优美
141. 金属材料的性能主要有(　　)。
(A)物理性能　(B)化学性能　(C)力学性能　(D)工艺性能
142. 工件材料的强度相同时,(　　)的工件材料,切削加工性差。
(A)塑性小　(B)塑性大　(C)韧性大　(D)韧性小
143. 零件的毛坯有(　　)。
(A)铸件　(B)锻件　(C)焊件　(D)型材
144. 零件在(　　)中,用来作为依据的点、线、面叫做工艺基准。
(A)加工　(B)测量　(C)设计　(D)装配
145. 属于形状公差的是(　　)。
(A)直线度　(B)平面度　(C)圆度　(D)平行度
146. 属于位置公差的是(　　)。
(A)垂直度　(B)圆柱度　(C)同轴度　(D)位置度
147. 为了保证工件达到图纸的精度和技术要求,应检查夹具定位基准与(　　)是否重合。
(A)设计基准　(B)测量基准　(C)精基准　(D)粗基准
148. 评定材料加工性能的主要指标是(　　)。
(A)刀具耐用度指标　(B)加工表面粗糙度指标
(C)工件尺寸精度指标　(D)工件位置精度指标
149. 切屑的形成过程可经历(　　)等阶段。
(A)挤压阶段　(B)滑移阶段　(C)挤裂阶段　(D)分离阶段
150. 超硬刀具材料主要指(　　)。
(A)硬质合金　(B)立方氮化硼　(C)金刚石　(D)高速钢
151. 选择测量器具时主要应考虑其(　　)。
(A)规格指标　(B)精度指标　(C)重量指标　(D)操作指标
152. 熔断器应串接在主电路和控制电路中,起到(　　)保护的作用。
(A)短路　(B)停电　(C)过载　(D)断路
153. 切屑的种类有挤裂切屑、单元切屑和(　　)切屑。
(A)带状　(B)崩碎　(C)粉末　(D)粒状
154. 影响工件表面粗糙度的因素有(　　)。
(A)残留面积　(B)积屑瘤　(C)振动　(D)环境温度
155. 标准公差与(　　)有关。
(A)基本尺寸分段　(B)公差大小　(C)公差等级　(D)上偏差
156. 螺纹的要素有牙形、外径、(　　)。
(A)螺距　(B)头数　(C)精度　(D)旋向
157. 三检制就是操作者的(　　)和专职检验员的"专检"相结合的检验制度。

(A)自检 (B)互检 (C)巡检 (D)交检

158. 链传动主要应用在(　　)及传递功率较大的场合中。

(A)两轴垂直 (B)两轴平行 (C)中心距较大 (D)中心距较小

159. 硬质合金牌号(　　)适宜车削脆性材料。

(A)K01 (B)K10 (C)P01 (D)P10

160. 车刀切削部分的材料应具备的性能除了应具备硬度、耐磨性、强度外还应具备(　　)。

(A)韧性 (B)耐热性 (C)物理性 (D)工艺性

161. 工件材料越硬时,(　　)时,易产生崩碎切削。

(A)刀具前角越小 (B)刀具前角越大

(C)切削厚度越大 (D)切削厚度越小

162. 刀面主要是由(　　)等面组成。

(A)前面 (B)后面 (C)定位面 (D)副后面

四、判 断 题

1. 蜗杆蜗轮常用于传递两轴交错 60°的传动。(　　)
2. 蜗轮通常采用锡青铜材料制造,蜗杆通常采用中碳钢或中碳合金钢制造。(　　)
3. 蜗杆蜗轮的参数和尺寸规定在主平面内。(　　)
4. 新产品没有经过生产定型鉴定,也可以转入正式生产。(　　)
5. 对工件进行热处理,使之达到所需要的化学性能的过程称为热处理工艺过程。(　　)
6. 定位基准是用以确定加工表面与刀具相互关系的基准。(　　)
7. 测量工件形状和尺寸时没有基准。(　　)
8. 采用基准统一原则,可减少定位误差,提高加工精度。(　　)
9. 粗基准是不加工表面,所以可以重复使用。(　　)
10. 选择加工余量小的表面作为粗基准,有利于加工和保证质量。(　　)
11. 在半精加工阶段,除为重要表面的精加工作准备外,可以完成一些次要表面的最终加工。(　　)
12. 采用工序集中法加工时,容易达到较高的相对位置精度。(　　)
13. 当工人的平均操作技能水平较低时,宜采用工序集中法进行加工。(　　)
14. 预备热处理包括退火、正火、时效和调质。(　　)
15. 退火或正火,可以消除毛坯制造时的内应力,但不能改善切削性能。(　　)
16. 高碳钢采用退火处理,有降低硬度的作用。(　　)
17. 时效热处理的主要作用是消除内应力。(　　)
18. 工件经淬火后,表面硬度很高,一般不再用金属切削刀具进行切削加工。(　　)
19. 低碳钢经渗碳、淬火、回火处理后,其表面层硬度可达 HBS 59 以上。(　　)
20. 工件渗氮处理有提高抗腐蚀性的目的。(　　)
21. 工件在渗氮处理之前,常安排一道时效热处理工序。(　　)
22. 渗氮处理一般安排在工件工艺路线中的最后一道工序。(　　)
23. 确定工序余量时,要考虑加工误差、热处理变形、定位误差及切痕和缺陷等因素的影响。(　　)

24. 在机械加工中，为了保证加工可靠性，工序余量留得过多比留得太少好。(　　)

25. 渗氮层较厚，工件渗氮后仍可进行精车和粗磨。(　　)

26. 渗氮一般适用于45、40Cr等中碳钢或中碳合金钢。(　　)

27. 热处理工序的安排对车削工艺影响不大，因此，车工不需要了解。(　　)

28. 布氏硬度主要用于测量较硬的金属材料及半成品。(　　)

29. 相关公差是指图样上给定的形位公差与尺寸公差相互关系。(　　)

30. Ra 表示用去除材料方法获得的表面粗糙度。(　　)

31. 零件表面被平面所切而产生的表面交线称相贯线。(　　)

32. 标准公差用于确定公差带的位置。(　　)

33. 基本偏差用于确定公差带大小。(　　)

34. 常用的淬火介质有水、油、水溶液盐类、溶盐、空气等。(　　)

35. 当形位公差采用最大实体原则时，尺寸公差可补偿给形位公差。(　　)

36. 机械性能又称力学性能。(　　)

37. 当一条直线倾斜于投影面时，其投影长度比原直线长度长。(　　)

38. 图样上表面粗糙度常用的符号 Ra，它的单位是mm。(　　)

39. 常用的淬火方法主要有单液淬火法、双液淬火法、分级淬火法、等温淬火法四种。(　　)

40. 劳动保护就是指劳动者在生产过程中的安全、健康。(　　)

41. 保持生产过程的连续性可以缩短生产周期，加速资金周转，减少生产过程的损失。(　　)

42. 我国安全生产方针是“安全第一，防治结合”。(　　)

43. 企业标准要求应低于国家标准。(　　)

44. 产品质量检查以数量分类，有全数检查和抽样检查两种。(　　)

45. 按检查的职责分类，检查有自检、互检和专职检查三种。(　　)

46. 防护用品是为防止外界伤害或职业性毒害而佩戴使用的各种用具总称。(　　)

47. 在车床加工中女工可以留长发。(　　)

48. 塞规通端的基本尺寸等于孔的最小极限尺寸。(　　)

49. 标准公差与基本尺寸分段和公差等级有关。(　　)

50. 精基准可以重复使用。(　　)

51. 渗碳的目的是使低碳钢表面的含碳量增大，在淬火后表面具有较高的硬度，心部仍保持原有塑性及韧性。(　　)

52. 配合代号由孔和轴的公差带代号组合而成，并写成分数形式，分子代表孔公差代号，公母代表轴公差带代号。(　　)

53. 选择公差等级时，首先要考虑保证配合的精度。(　　)

54. 在零件图中，国家标准规定非配合尺寸的公差等级在IT12～IT18范围内。(　　)

55. 位置公差是零件几何尺寸的位置所允许的变动量。(　　)

56. 基本视图的投影规律是：主俯仰视长对正；主左右后高齐平；俯、左、仰、右宽相等；主视后视长相同。(　　)

57. $W_{18}C_r4V$ 是钨系高速钢的代表，它含钨18%，含铬4%，含钒小于1.5%。(　　)

58. 金属材料的工艺性能是指金属材料是否易于加工成型的性能。(　　)

59. 碳钢硬度为 180HB 时,切削性能不好。(　　)

60. 为了获得足够低的硬度,合金钢退火采用较碳钢更慢的冷却速度和更长的退火时间。(　　)

61. 为了提高钢的硬度和耐磨性,对钢要进行调质处理。(　　)

62. 碳素工具钢经热处理后,有良好的硬度,耐磨性及红硬性,适合作高速切削刀具。(　　)

63. 齿轮的两基圆的内公切线就是齿轮的啮合线。(　　)

64. 链传动和齿轮传动的传动比均为 $i_{12}=n_1/n_2=z_2/z_1$,故都能保证恒定的瞬时传动比。(　　)

65. 凸轮机构主要由凸轮、从动件和活动机架所组成。(　　)

66. 在切削中,吃刀深度与走刀量越大,都会使切削力显著增加。(　　)

67. 在切削中,吃刀深度对切削力的影响是,吃刀深度增加 1 倍,则切削力也增加 1 倍。(　　)

68. 刀具的主偏角对切削力的影响较小。(　　)

69. 影响刀具寿命的主要因素,即刀具磨损的主要原因是机械磨损和热磨损。(　　)

70. 机械磨损是由于切屑与刀具后面,工件已加工表面和刀具前面之间剧烈摩擦而引起的。(　　)

71. 碳化硅砂轮,硬度高,切削性能好,但较脆,用来磨硬质合金刀具。(　　)

72. 根据加工精度选择砂轮时,粗磨应选用软的,粒度号小的砂轮,精磨应选用硬的,粒度号小的砂轮。(　　)

73. 刀具磨损到一定程度后,应重新刃磨或更换新刀。因此,要对刀具规定一个允许磨损量的最小值,这个值称为刀具的磨钝标准,或称为磨损限度。(　　)

74. 零件的加工精度越高,则加工误差越小。(　　)

75. 加工误差的产生是由于在加工前和加工过程中,由机床、夹具、刀具和工件组成的工艺系统存在很多的误差因素。(　　)

76. 机床、夹具、刀具和工件组成的工艺系统,受到力与热的作用时,都会产生变形误差。(　　)

77. 在加工过程中形成的相互有关的封闭尺寸图形称为工艺尺寸链图。(　　)

78. 一个尺寸链中有两个封闭链。(　　)

79. 封闭环的基本尺寸等于各增环的各基本尺寸之和减去各减环的各基本尺寸之和。(　　)

80. 通用机床型号由基本部分和辅助部分组成,基本部分需统一管理,辅助部分由企业自定。(　　)

81. 安全用电的原则是不接触低压带电体,不靠近高压带电体。(　　)

82. 劳动保护的基本任务是:积极开展生产中安全保护工作,力争消灭工伤事故,保障工人生命安全;防止和根治职业病;保障工人的身体健康。(　　)

83. 所谓全面质量管理就是全方位的质量管理。(　　)

84. 全面质量管理是一门企业现代化管理科学,是提高质量,提高企业素质,提高经济效

益的有效方法。(　　)

85. 生产班组的中心任务是搞好班组的建设和团结。(　　)

86. 在编制车间生产作业计划时,要保证上级规定的生产任务。落实生产任务时必须逐级分配,做到层层下达,层层保证。安排各级生产作业计划任务时,要使它们在每一段时间内都满负荷,并均衡地出产产品。(　　)

87. 生产作业控制的主要内容有生产进度控制,出产进度控制,在制品占用量控制和生产调度四部分。(　　)

88. 正梯形牙嵌离合器的齿槽底与工件轴线不垂直,成一定夹角。(　　)

89. 由于奇数齿与偶数齿矩形牙嵌离合器相比有较好的工艺性,所以奇数齿矩形牙嵌离合器应用较广泛。(　　)

90. 在任何一种刀具中,前角的选择是非常重要的,前角选择多大合适,要看采用什么刀具,加工工件的材料,精加工还是粗加工等情况来决定。(　　)

91. 在液压传动系统中,调速阀用来改变液体流动方向。(　　)

92. 采用各种机械加工的方法,直接改变毛坯的形状、尺寸和表面质量,使之成为合格产品的过程,称为机械加工工艺过程。(　　)

93. 锯床一般分为圆锯床、带锯床和弓锯床三类。(　　)

94. 调质热处理用于各种低碳钢。(　　)

95. 机械加工工艺过程划分为:粗加工、半精加工,精加工及光整加工 4 个阶段。(　　)

96. 经过机械加工的基准称为精基准。(　　)

97. 夹紧力的方向应尽量垂直于工件的主要定位基准面、与切削力的方向保持一致。(　　)

98. 夹紧力的方向应尽量垂直于工件的主要定位基准面。(　　)

99. 只要满足加工要求,少于六点的定位,称为部分定位。(　　)

100. 只要满足加工要求,少于四点的定位,称为部分定位。(　　)

101. 只要满足加工要求,少于六点的定位,称为局部定位。(　　)

102. 国标规定螺纹的小径的表示方法采用细实线表示螺纹小径。(　　)

103. 国标规定螺纹的小径的表示方法采用细实线表示螺纹中径。(　　)

104. 国标规定螺纹的小径的表示方法采用细实线表示螺纹大径。(　　)

105. 蜗杆相当于一个螺纹。(　　)

106. 蜗杆相当于一个丝杠。(　　)

107. 蜗杆相当于一个齿条。(　　)

108. 蜗杆相当于一个齿轮。(　　)

109. 轴类零件用双中心孔定位,能消除三个自由度。(　　)

110. 轴类零件用双中心孔定位,能消除四个自由度。(　　)

111. 轴类零件用双中心孔定位,能消除五个自由度。(　　)

112. 轴类零件用双中心孔定位,能消除六个自由度。(　　)

113. 任何一个未被约束的物体,在空间具有进行六种运动的可能性。(　　)

114. 合理地选择划线基准,是做好划线工作的关键。(　　)

115. 低碳钢经渗碳、淬火、回火后,可提高表面层硬度。(　　)

116. 低碳钢经渗碳、淬火、回火后,可提高心部硬度。(　　)

117. 低碳钢经渗碳、淬火、回火后,可提高整体硬度。( )
118. 低碳钢经渗碳、淬火、回火后,可提高中部表面层硬度。( )
119. 生产上常采用的安全电压为 36 V。( )
120. 切割玻璃、硬化钢、绞合光纤及瓷砖用碳化砂锯条。( )
121. 切割玻璃、硬化钢、绞合光纤及瓷砖用不锈钢锯条。( )
122. 切割玻璃、硬化钢、绞合光纤及瓷砖用碳素钢锯条。( )
123. 切割玻璃、硬化钢、绞合光纤及瓷用砖合金锯条。( )
124. 对于较硬的材料,通常需要降低带锯的速度。( )
125. 对于较软的材料,通常需要提高带锯的速度。( )
126. 锯条安装太松容易使锯条扭曲。( )
127. 锯条安装太松容易使锯条折断。( )
128. 衡量金属材料塑性的指标有延伸率和断面收缩率。( )
129. 锯片锯齿最主要的角度参数是前角、后角、楔角。( )
130. 锯片锯齿最主要的角度参数是前角、后角。( )
131. 按用途不同高速钢又可分为通用型和特殊用途两种。( )
132. 按用途不同高速钢又可分为通用型和常用型两种。( )
133. 按用途不同高速钢又可分为普通型和特殊用途两种。( )
134. 带锯条在正式使用前一定要进行磨合。( )
135. 带锯条在正式使用前一定要进行磨削。( )
136. 锯片锯齿最主要的角度参数是前角、后角、主偏角。( )
137. 厚、重或蓝色的锯屑表示锯条过载应减少进给速率或提高锯带速度。( )
138. 厚、重或蓝色的锯屑表示锯条过载应减少进给速率或降低锯带速度。( )
139. 厚、重或蓝色的锯屑表示锯条过载应提高进给速率或降低锯带速度。( )
140. 厚、重或蓝色的锯屑表示锯条过载应提高进给速率或降低锯带速度。( )
141. 米制蜗杆的齿形角为 20°。( )
142. 在切削中,影响切削力较大的刀具角度是主偏角。( )
143. 在切削中,影响切削力较大的刀具角度是后角。( )
144. 在切削中,影响切削力较大的刀具角度是前角。( )
145. 在切削中,影响切削力较大的刀具角度是刃倾角。( )
146. 工件装夹后,在同一位置上进行钻孔、扩孔、铰孔等多次加工,通常选用快换钻套。( )
147. 工件装夹后,在同一位置上进行钻孔、扩孔、铰孔等多次加工,通常选用可换钻套。( )
148. 工件装夹后,在同一位置上进行钻孔、扩孔、铰孔等多次加工,通常选用固定钻套。( )
149. 工件装夹后,在同一位置上进行钻孔、扩孔、铰孔等多次加工,通常选用活动钻套。( )
150. 工步是指在被加工表面、切削工具和机床的工作用量(转速和进给量)均保持不变的条件下所进行的工作。( )
151. 工序是指在被加工表面、切削工具和机床的工作用量(转速和进给量)均保持不变的条件下所进行的工作。( )
152. 切削速度提高一倍,切削温度约增高 30%～40%。( )
153. 进给量加大一倍,切削温度只增高 15%～20%。( )

154. 背吃刀量加大一倍，切削温度仅增高 5%～8%。（　）
155. 铣削镁合金时，禁止使用水溶液切削液。（　）
156. 铣削镁合金时，禁止使用压缩空气切削液。（　）
157. 铣削镁合金时，禁止使用燃点高的矿物油切削液。（　）
158. 铣削镁合金时，禁止使用燃点高的植物油切削液。（　）
159. KT300 属于硬质合金材料。（　）
160. T12A 属于硬质合金材料。（　）
161. YG8X 属于硬质合金材料。（　）
162. GCr15 属于硬质合金材料。（　）
163. 预备热处理包括退火、正火、时效和调质。（　）
164. 最终热处理包括淬火和回火、渗碳淬火和渗氮等热处理方法。（　）
165. 退火和正火的目的是改善切削性能，消除毛坯内应力，细化晶粒，均匀组织。（　）
166. 退火是为了降低硬度。（　）
167. 正火是为了适当提高硬度。（　）
168. 调质的目的是提高材料综合力学性能。（　）
169. 时效目的是消除切削加工应力，稳定尺寸。（　）
170. 淬火和回火的目的是提高材料的硬度、强度和耐磨性。（　）
171. 渗碳淬火的目的是提高钢件表面层的硬度、耐磨性和疲劳强度，并保持其内部的塑性和韧性。（　）
172. 渗氮的目的是提高工件表面硬度、耐磨性、抗疲劳强度和抗腐蚀性。（　）
173. 标注尺寸的起点叫尺寸基准。（　）。
174. 切削塑性金属时，切削力一般是随着切削速度的提高而减小。（　）
175. 切削脆性金属时，切削速度对切削力没有显著的影响。（　）
176. 制造刀具的材料可分为金属材料和非金属材料两大类型。（　）
177. 金属材料有碳素工具钢、合金工具钢、高速钢、硬质合金。（　）
178. 非金属材料有人造金刚石和立方氮化硼及陶瓷。（　）
179. 碳素工具钢和合金工具钢的红硬性能较差。（　）
180. 使用夹具的目的是为了保证产品质量，提高劳动生产率。（　）

五、简 答 题

1. 锯条的安装归纳起来有哪三条？
2. 工艺系统的几何误差是什么？
3. 齿轮传动应满足哪两项基本要求？
4. 已知一正五边形的外接圆半径为 R，求五边形的边长。
5. 刀具磨损的主要原因是什么？
6. 目前切削刀具常用的硬质合金有哪些？
7. 切削加工时，工件材料抵抗刀具切削所产生的阻力称为什么？
8. 通常锯切中碳钢料，手弓锯条的材质宜选用什么钢？
9. 金属材料退火的目的是什么？

10. 简述工步的定义。
11. 简述工序的概念。
12. 简述纯铜的性能。
13. 刀具磨损的主要原因是什么?
14. 什么是机械加工工艺过程?
15. 电器设备失火应如何处理?
16. 简述定位基准的定义。
17. 基准重合原则是什么?
18. 定位的粗基准选择原则是什么?
19. 定位的精基准选择原则是什么?
20. 锯条的分类。
21. 锯条如何磨合?
22. 锯床在工作时发生振动有何危害?
23. 切削液的种类及性能特点?
24. 切削液的使用方法。
25. 难加工材料锯削切削液如何选择?
26. 锯切参数有哪些?
27. 简述双金属带锯条的主要优点。
28. 简述双金属带锯条齿型分类。
29. 双金属带锯条基本截面由什么构成?
30. 双金属带锯条基本截面怎么表示?
31. 简述带锯床锯齿过早变钝的解决方法。
32. 简述带锯床锯削中锯带振动的解决方法。
33. 简述带锯床锯齿断裂的解决方法。
34. 简述带锯床锯后表面太粗糙的解决方法。
35. 简述带锯床锯带形成鼓形锯削的解决方法。
36. 简述带锯床锯带过早断裂的解决方法。
37. 简述弓锯锯削中切削效率减慢的解决方法。
38. 简述弓锯锯削中锯缝扭曲的解决方法。
39. 简述圆锯床锯带出现负拱的解决方法。
40. 简述圆锯床锯带出现正拱的解决方法。
41. 简述圆锯床加工中平齿尖角处磨损快的解决方法。
42. 带锯床锯削材料的硬度范围是多少(用 HRC 表示)?
43. 圆锯床镶硬质合金锯片锯削材料的硬度范围是多少(用 HRC 表示)?
44. 锯床锯削除了用于材料的切断,还有什么用途?
45. 锯床一般分为哪三类?
46. 锯床锯带速度由什么决定?
47. 简述精基准的定义。
48. 锯条如何磨合?

49. 国内市场通常把锯条齿型分为哪几种?
50. 锯条导向装置由什么组成?
51. 带锯床下锯的进给速度如何调节?
52. 如何选择锯片?
53. 锯片主要分为哪三类?
54. 锯床的张紧装置由什么组成?
55. 锯带的压力及进给速率由什么决定?
56. 机械加工工艺过程是怎样组成的?它们之间的关系怎样?
57. 何谓粗基准?如何选择粗基准?
58. 何谓精基准?如何选择精基准?
59. 按照粗、精加工分开的原则,把机械加工过程可以划分为哪几个阶段?
60. 何谓工序集中?在什么情况下宜采用工序集中的原则进行加工?
61. 何谓工序分散?在什么情况下宜采用工序分散的原则进行加工?
62. 安排工件表面加工顺序时,通常应遵循哪些原则?
63. 预备热处理包括哪些热处理方法?各自的目的是什么?
64. 最终热处理包括哪些热处理方法?各自的目的是什么?
65. 什么叫尺寸基准?
66. 切削用量对切削温度各有什么影响?
67. 什么是六点定位?
68. 什么叫金属切削过程?
69. 主视图俯视图如图1所示,补左视图。

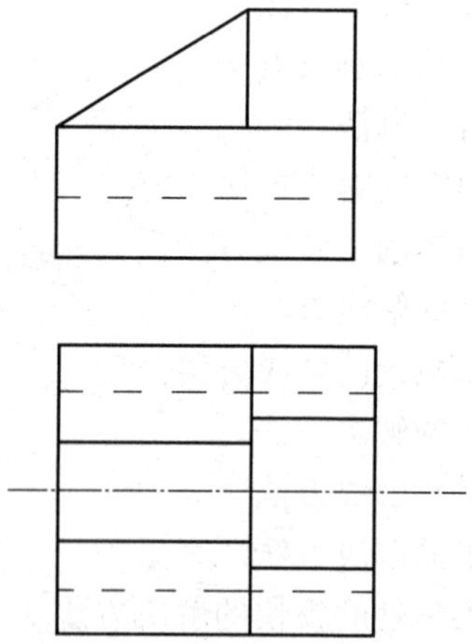

图 1

70. 切削用量对切削力各有什么影响?
71. 刀具切削部分的材料包括什么?
72. 在机械制造中使用夹具的目的是什么?
73. 定位装置和夹紧装置的作用是什么?
74. 什么叫重复定位?什么叫部分定位?

六、综 合 题

1. 公差与配合中规定有哪几类配合？其配合公差带有什么特点？
2. 导致锯斜的发生原因有哪些？
3. 锯带背部会挤出台阶，形似T形的原因是什么？
4. 锯床安全操作时需注意什么？
5. 工艺基准分为哪几类？
6. 直径50 mm的材料用1分钟切断，求切削率是多少。
7. 45号钢直径50 mm，带锯条速度60 m/min，切削率50 cm^2/min，求切断时间是多少。
8. 杂质元素对钢的影响有哪些？
9. 钢表面处理的主要方法有哪几种？
10. 铝合金分为哪几类？
11. 机床在工作时发生振动有何危害？
12. 立式带锯床几何精度的检验项目及检验工具有哪些？
13. 立式带锯床工作精度的检验项目及检验工具有哪些？
14. 立式带锯床的负荷试验有哪些？
15. 弓锯床几何精度的检验项目及检验工具有哪些？
16. 弓锯床工作精度的检验项目及检验工具有哪些？
17. 卧式弓锯床的负荷试验有哪些？
18. 圆锯床几何精度的检验项目及检验工具有哪些？
19. 圆锯床工作精度的检验项目及检验工具有哪些？
20. 精基准的选择原则是什么？
21. 粗基准的选择原则是什么？
22. 锯条的安装要求是什么？
23. 锯条的使用要求是什么？
24. 有一标准直齿轮，其模数$m=4$ mm，齿数$Z=24$，求该齿轮各部分尺寸。
25. 已知单缸活塞面积$A=0.005\ m^2$，在活塞上加上$F=9\ 800$ N，求油面单位面积上的压力P。(提示：公式$P=\dfrac{F}{A}$)
26. 主、俯视图如图2所示，画出正确的左视图。

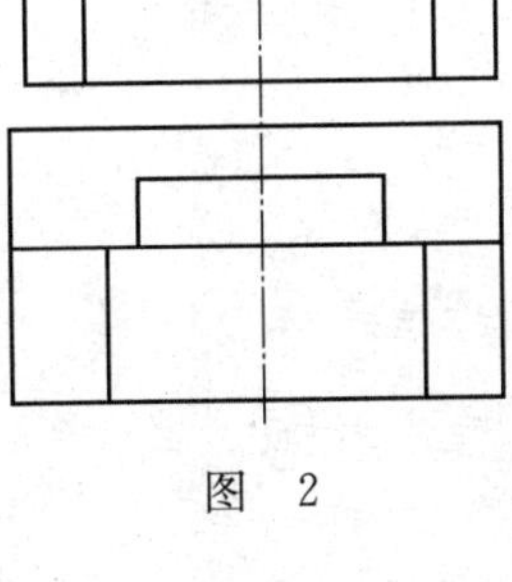

图 2

27. 画出刀具磨损曲线。

28. 表面粗糙度对机器零件的使用性能有哪些影响?

29. 简述对刀具材料有哪些基本要求。

30. 怎样合理选用切削液?

31. 孔轴配合的基本尺寸为 $\phi 40$ mm,孔的最大极限尺寸为 $\phi 40.025$ mm,最小极限尺寸为 $\phi 40$ mm,轴的最大极限尺寸为 $\phi 40.042$ mm,最小极限尺寸为 $\phi 40.026$ mm,求最大过盈和最小过盈各是多少?

32. 在生产中如何判断刀具是否磨钝?

33. 加工材料对刀具耐用度有何影响?

34. 什么是刀具的寿命?影响刀具寿命的因素有哪些?

35. 简述夹紧力作用点选择的原则。

锯床工(中级工)答案

一、填 空 题

1. 380	2. 短路及过载	3. 36	4. 高速
5. 碳化砂	6. 1/3	7. 切削液	8. 钨钛
9. 楔角	10. 主轴	11. 90°	12. 金刚石
13. 逆时针	14. 弧线	15. 龟背	16. 高
17. 50%	18. 精度	19. 弓锯床	20. 立式
21. 宽度	22. 齿尖朝前	23. 湿式	24. 洛氏
25. 扩散	26. 高速钢	27. 红硬性	28. 保温
29. 化学	30. 回火	31. 抗蚀性	32. 形变
33. 切削用量	34. 正常	35. 扩散	36. 乳化液
37. 防锈	38. 合金	39. 奥氏体	40. 降低
41. 软化	42. 抵抗	43. 固溶	44. 压力
45. 磨损	46. 大于	47. 5	48. 高速
49. 铬	50. 钨钼	51. 特殊用途	52. 63
53. 红硬性	54. 增加	55. 强化	56. 回火
57. 主偏角	58. 增加	59. 切削热	60. 低
61. 热应力	62. 升高	63. 光	64. 过共析
65. 淬透	66. 耐磨	67. 前	68. 高
69. 停止	70. 快	71. 齿刃	72. 锈蚀
73. 动	74. 磨合	75. 0.01	76. 0.1
77. 拉力	78. 宽度	79. 大	80. 小
81. 张	82. 高	83. 齿距	84. 卷
85. 50	86. 抗拉	87. 龟背	88. 降低
89. 提高	90. 摆动	91. 弯曲	92. 摆
93. 40	94. 剪刀	95. 硬质	96. 平
97. 梯形	98. 楔	99. 小	100. 大
101. 左右	102. 薄	103. 大	104. 大
105. 燕尾	106. 断裂	107. 11.4	108. 低
109. 断齿	110. 提高	111. 降低	112. 锯片
113. 打滑	114. 干	115. 夹紧	116. 电源
117. 扭曲	118. 碳素	119. 断齿	120. 50
121. 软	122. 等温淬火法	123. 平面	124. 视图

125. 孔　126. 尺寸公差　127. 大小　128. 算术
129. 内周　130. 工件材料　131. 氧化磨损　132. 工件
133. 抵抗　134. 基本偏差　135. 基准位置变动　136. 恒定
137. 力学　138. 延伸率　139. 前后刀面　140. 越快
141. 标准公差　142. 质量　143. 变大　144. 润滑
145. 共振　146. 标准化　147. 封闭性　148. 抛光
149. 工艺文件　150. 形状　151. 物理机械　152. 正常
153. 中心孔　154. 高　155. 高　156. 可靠性
157. 加剧　158. 工序　159. 质量　160. 随机
161. 封闭环　162. 细　163. 垂直　164. 精加工
165. 辅助　166. 不可变　167. 装配　168. 工序
169. 封闭环　170. 大　171. 过定位　172. 刀具寿命
173. 硬质合金　174. 欠定位　175. 同素异构转变

二、单项选择题

1. A　2. A　3. A　4. C　5. C　6. B　7. A　8. B　9. A
10. A　11. B　12. C　13. C　14. A　15. A　16. B　17. B　18. C
19. D　20. C　21. A　22. B　23. B　24. B　25. D　26. B　27. C
28. A　29. B　30. A　31. B　32. D　33. B　34. C　35. C　36. B
37. D　38. B　39. B　40. C　41. A　42. B　43. B　44. A　45. C
46. B　47. A　48. D　49. A　50. C　51. A　52. A　53. D　54. B
55. D　56. C　57. B　58. D　59. C　60. B　61. A　62. A　63. A
64. D　65. D　66. A　67. A　68. C　69. A　70. A　71. A　72. B
73. A　74. B　75. A　76. C　77. B　78. B　79. D　80. A　81. C
82. B　83. B　84. A　85. B　86. C　87. D　88. D　89. B　90. D
91. D　92. B　93. B　94. C　95. A　96. A　97. C　98. B　99. C
100. D　101. A　102. C　103. B　104. B　105. A　106. B　107. C　108. B
109. C　110. B　111. D　112. C　113. A　114. A　115. A　116. D　117. A
118. A　119. D　120. D　121. C　122. A　123. B　124. A　125. D　126. A
127. C　128. A　129. B　130. B　131. B　132. C　133. C　134. B　135. B
136. B　137. C　138. A　139. B　140. C　141. D　142. B　143. C　144. B
145. D　146. D　147. B　148. A　149. C　150. B　151. C　152. D　153. A
154. A　155. B　156. D　157. D　158. C　159. D　160. D　161. C　162. B
163. B　164. C　165. C　166. D　167. A　168. B　169. A　170. A　171. C
172. B

三、多项选择题

1. BC　2. CD　3. CE　4. BCDE　5. CDEF　6. BDE
7. CDE　8. BCE　9. ABCD　10. DB　11. BC　12. CD

13. ABCE	14. CDE	15. BCD	16. ACD	17. ABC	18. ABD
19. ABD	20. BCD	21. ACD	22. ACD	23. ABD	24. ACD
25. ABD	26. ABC	27. BCD	28. BCD	29. CDF	30. AB
31. ABD	32. ABC	33. ABCDF	34. ADEF	35. ABCD	36. CD
37. ABD	38. CDF	39. ABD	40. ABC	41. ABC	42. ABC
43. ABD	44. ABC	45. ABC	46. ABD	47. ABC	48. ABC
49. ABC	50. ABCD	51. ACD	52. ABD	53. AD	54. ABCD
55. AB	56. BD	57. ABCDF	58. ABDE	59. ABC	60. CD
61. ABCEF	62. CD	63. ABCE	64. ABC	65. ABCDEF	66. ABC
67. ACD	68. BC	69. ABCD	70. BC	71. ABCD	72. ABC
73. ABCD	74. ABCD	75. ABC	76. ABCD	77. ABCD	78. BCD
79. ABCD	80. ABCD	81. ABCD	82. ABC	83. ABD	84. BCD
85. AD	86. ACD	87. AB	88. BD	89. AB	90. ABC
91. AC	92. ABCD	93. ABC	94. ABC	95. ABC	96. AD
97. BD	98. AC	99. AB	100. ABCD	101. ABC	102. AB
103. ABCD	104. ABC	105. ABD	106. ABCD	107. BC	108. ABCD
109. ABCD	110. ABC	111. ABCD	112. ABCD	113. ABCD	114. ABC
115. ABCD	116. ABC	117. ABCD	118. ABCD	119. ABC	120. AB
121. CD	122. CD	123. ABC	124. AD	125. ABD	126. ACD
127. ABC	128. ABCD	129. ABCD	130. ABCD	131. ABC	132. ACD
133. BD	134. AC	135. ABC	136. CD	137. AB	138. ABCD
139. ABD	140. ABCD	141. ABCD	142. BC	143. ABCD	144. ABD
145. ABC	146. ACD	147. AB	148. AB	149. ABCD	150. BC
151. AB	152. AC	153. AB	154. ABC	155. AC	156. ABCD
157. AB	158. BC	159. AB	160. ABD	161. AC	162. ABD

四、判 断 题

1. ×	2. √	3. √	4. ×	5. ×	6. √	7. ×	8. √	9. ×
10. √	11. √	12. √	13. ×	14. √	15. ×	16. √	17. √	18. √
19. ×	20. √	21. √	22. ×	23. √	24. ×	25. ×	26. ×	27. ×
28. ×	29. √	30. √	31. ×	32. ×	33. ×	34. √	35. √	36. √
37. ×	38. ×	39. √	40. √	41. √	42. ×	43. ×	44. √	45. √
46. √	47. ×	48. √	49. √	50. √	51. √	52. √	53. ×	54. √
55. ×	56. √	57. √	58. √	59. ×	60. √	61. ×	62. ×	63. √
64. ×	65. ×	66. √	67. √	68. ×	69. √	70. ×	71. √	72. ×
73. ×	74. √	75. √	76. √	77. √	78. ×	79. √	80. √	81. √
82. ×	83. ×	84. √	85. ×	86. √	87. ×	88. ×	89. √	90. √
91. ×	92. √	93. √	94. ×	95. √	96. √	97. √	98. √	99. √
100. ×	101. ×	102. √	103. ×	104. ×	105. ×	106. ×	107. √	108. ×

109. ×	110. ×	111. √	112. ×	113. √	114. √	115. √	116. ×	117. ×
118. ×	119. √	120. √	121. ×	122. ×	123. ×	124. √	125. √	126. √
127. ×	128. √	129. √	130. ×	131. √	132. ×	133. ×	134. √	135. ×
136. ×	137. √	138. ×	139. ×	140. ×	141. √	142. √	143. ×	144. ×
145. ×	146. √	147. ×	148. ×	149. ×	150. √	151. ×	152. √	153. √
154. √	155. √	156. ×	157. ×	158. ×	159. ×	160. ×	161. √	162. ×
163. √	164. √	165. √	166. √	167. √	168. √	169. √	170. √	171. √
172. √	173. √	174. √	175. √	176. √	177. √	178. √	179. √	180. √

五、简答题

1. 答：齿尖朝前、松紧适中、锯条无扭曲(5分)。

2. 答：是指机床、夹具、刀具以及工件本身所具有的原始制造误差(5分)。

3. 答：传动平稳和承载能力高(5分)。

4. 答：五边形的边长 $L=2R\sin 36^\circ$(5分)。

5. 答：主要原因有以下两种：机械磨损(2.5分)、热效应磨损(2.5分)。

6. 答：钨钴类硬质合金(2.5分)、钨钴钛类硬质合金(2.5分)。

7. 答：切削抗力(5分)。

8. 答：高速钢(5分)。

9. 答：细化晶粒，均匀组织，改善机械性能(2分)；降低硬度，便于切削加工(2分)；消除内应力(1分)。

10. 答：工步是指在被加工表面、切削工具和机床的工作用量(转速和进给量)均保持不变的条件下所进行的工作(5分)。

11. 答：工序是指在一个工作地点上，对一个工件进行加工所进行的连续工作(5分)。

12. 答：有很好的延展性(2.5分)。导热和导电性能较好(2.5分)。

13. 答：主要原因有以下两种：机械磨损(2.5分)、热效应磨损(2.5分)。

14. 答：采用各种机械加工的方法，直接改变毛坯的形状、尺寸和表面质量，使之成为合格产品的过程，称为机械加工工艺过程(5分)。

15. 答：电气设备着火，首先设法切断电源(3分)。在不明确电源是否切断的情况下，只允许用二氧化碳、干粉或1211灭火器扑救，不得使用水或泡沫等导电介质的灭火器材扑救电气设备火灾(2分)。

16. 答：在加工时，用以确定工件在机床上或夹具中正确位置所采用的基准，称为定位基准(5分)。

17. 答：为了较容易地获得加工表面对其设计基准的相对位置精度要求，应选择加工表面的设计基准为其定位基准(5分)。这一原则称为基准重合原则。

18. 答：(1)如果必须首先保证工件上加工表面与不加工表面之间的位置要求，则应以不加工表面为粗基准(1分)。

(2)如果工件必须首先保证某重要表面的加工余量均匀，则应选择该表面为粗基准(1分)。

(3)零件上有较多加工面时，为使各加工表面都得到足够的加工余量，应选择毛坯上加工余量最小的表面为粗基准(1分)。

(4)选择粗基准的表面,应尽可能平整和光洁、不能有飞边、浇口、冒口及其他缺陷,以便定位准确、可靠(1分)。

(5)粗基准应避免重复使用,在同一尺寸方向通常只允许使用一次,否则会造成较大的定位误差(1分)。

19. 答:"基准重合"原则(1分)、"基准统一"原则(1分)、"自为基准"原则(1分)、"互为基准"原则(1分)。精基准选择应保证工件定位准确、夹紧可靠、操作方便(1分)。

20. 答:锯条分为:双金属锯条(1分)、碳化砂锯条(2分)、高速钢锯条(1分)和碳钢锯条(1分)。

21. 答:锯条磨合时只能使用一半的正常进给压力、速率和锯切速度,直到锯出300～1 000 cm^2的表面区域(3分)。然后逐渐将进给速率和锯切速度增加到正常值(2分)。

22. 答:这是一种极有害的现象(1分)。它使被加工工件的表面质量恶化,表面粗糙,刀具加速磨损,机床连接部件易松动,零件过早磨损(2分)。机床振动还可产生噪声(2分)。

23. 答:切削液主要分水基和油基两种(3分),前者冷却能力强(1分),后者润滑性能突出(1分)。

24. 答:切削液的使用方法分为浇注法(1分)、高压冷却法(2分)、喷雾冷却法(2分)。

25. 答:由于难加工材料的切削加工均处于高温高压边界润滑摩擦状态,因此,宜选用极压切削油或极压乳化液(5分)。

26. 答:锯带速度(1分)、锯带压力(1分)及进给速率(1分)、轮廓锯切(0.5分)、锯条张力(0.5分)、带锯导向(0.5分)、冷却与润滑(0.5分)。

27. 答:高耐磨性和高红硬性(3分);锯齿不易断裂(1分);使用寿命长(1分)。

28. 答:常规齿(2分)、后角度齿(1分)、龟背齿(1分)、抗拉齿(1分)。

29. 答:基本截面由带锯条的宽度(3分)和厚度(2分)构成。

30. 答:基本截面用"宽度X厚度"表示(5分)。

31. 答:减慢锯带速度、使用细齿锯带(2分);锯削黑色、有色金属材料时,采用适合的切削液并应均匀充足的浇在切削区的锯齿上(1分);使每个锯齿都参与锯削,不允许有部分锯齿无效,增加进给压力(1分);锯带运转时,锯齿刃口应向下(1分)。

32. 答:根据工件材料变更带锯速度(1分);增加锯带张力(1分);应用较细齿距锯带(1分);增加进给压力(1分);牢固夹紧工件(1分)。

33. 答:对薄的工件应用较细齿距锯带(1分);当工件向锯带进给时,牢固的夹紧工件,以消除振动(1分);对韧性材料应用切削液(1分);若齿槽堵塞,应用重负荷切削液(1分);减小进给压力(1分)。

34. 答:增加锯带速度(2分);应用较细齿距锯带(1分);减慢进给率(1分);应用切削液(1分)。

35. 答:增加锯带张力(2分);调整导向使之靠近工件(1分);应用较大齿距锯带(1分);降低进给力(1分)。

36. 答:调整锯带,使之与带轮直径和锯床转速相适应;降低锯带速度(1分);检查带轮周边缺陷;焊接处有裂纹,试用较长的退火时间,再逐渐降温(1分);齿距太大,用较小的齿距,以减轻设备负荷(1分);降低进给力;降低锯带张力(1分);适当调整锯带导向;应用切削液(1

分)。

37. 答:采用粗齿锯条(2 分),或加深齿槽(2 分),以防止切屑堵塞,降低切削速度或减小进给量,增大切削液流量(1 分)。

38. 答:增加锯条张力(1 分),更换锯条或锯条夹持器(1 分),降低进给压力或速度(1 分),调整或修理设备(1 分),检查工件与夹持器的一致性及材料是否有硬点(1 分)。

39. 答:锯带压在导向支撑上的负荷太重(3 分),应调整锯带上、下轮,使之平直(2 分)。

40. 答:减小进给压力(2 分);应用较大齿距锯带,尽可能使较多锯齿穿入材料(2 分);带锯导向离工件太远,应调整使之靠近工件(1 分)。

41. 答:降低锯削速度(2 分),减小侧隙角(2 分),适当增加切削液浓度(1 分)。

42. 答:HRC37 以下(5 分)。

43. 答:HRC45 以下(5 分)。

44. 答:还用于工件的开槽、开缝和切曲线等(5 分)。

45. 答:锯床一般分为圆锯床、带锯床和弓锯床三类(5 分)。

46. 答:锯带速度由材料的种类、材料的宽度及锯带的拉力所决定(5 分)。

47. 答:经过机械加工的基准称为精基准(5 分)。

48. 答:锯条磨合时只能使用一半的正常进给压力、进给速率和锯切速度,直到锯出 300～1 000 cm^2的表面区域(3 分)。然后逐渐将进给速率和锯切速度增加到正常值(2 分)。

49. 答:国内市场通常把锯条齿型分为:常规齿(1 分)、后角度齿(1 分)、龟背齿(1 分)、抗拉齿(2 分)。

50. 答:锯条导向装置由左、右导向臂与导向头组成(5 分)。

51. 答:带锯床下锯的进给速度通过调速装置调节(5 分)。

52. 答:选择锯片时要根据锯切材料的种类(1 分)、厚度(1 分)、锯切的速度(1 分)、锯切的方向(1 分)、送料速度、锯路宽度(1 分)需要正确选用锯片。

53. 答:锯片主要分为:金刚石锯片(2 分)、高速钢锯片(1 分)、硬质合金锯片(2 分)三类。

54. 答:张紧装置是由滑板座(2 分)、滑板(1 分)、丝杆(2 分)等组成。

55. 答:锯带的压力及进给速率由材料的种类(3 分)、材料的宽度(2 分)所决定。

56. 答:机械加工工艺过程是按:工序—安装—工位—工步;或工序—安装—工步的结构形式组成的。在一道工序中,可以有一次或几次安装;在一次安装中,可以有一个或几个工位;对工步和工位,一般不作严格区别,即往往把工位作为工步(5 分)。

57. 答:以毛坯上未经加工过的表面作为定位的基准称为粗基准(1 分)。其选择原则如下:(1)工件上各表面不需要全部加工时,应以不加工的表面作为粗基准(1 分)。(2)对所有表面都要加工的工件,应以加工余量小的表面作为粗基准(1 分)。(3)尽量选择光洁、平整和幅面大的表面作为粗基准(1 分)。(4)粗基准只能使用一次,应避免重复使用(1 分)。

58. 答:以已加工表面定位的基准称为精基准(2 分)。其选择原则如下:(1)采用基准重合的原则,即尽可能采用设计基准、测量基准、装配基准作为定位基准(1 分)。(2)采用基准统一原则,即在多道工序中利用同一个基准定位加工(1 分)。(3)选择精度较高,装夹稳定可靠的表面作为精基准(1 分)。

59. 答:按照粗、精加工分开的原则,可以把机械加工工艺过程划分为:粗加工、半精加工,精加工及光整加工 4 个阶段(5 分)。

60. 答:所谓工序集中,就是在加工工件的每道工序中,尽可能地多加工几个表面(1分)。在下列情况下宜采用工序集中法加工:(1)工件的相对位置精度要求较高时(1分)。(2)在加工重型工件时(1分)。(3)用组合机床、多刀机床和自动机床加工工件时(1分)。(4)单件生产时(1分)。

61. 答:使每个工序中所包含的工作尽量减少的加工方法称为工序分散法(1分)。在下列情况下宜采用工序分散法进行加工:(1)当工件的表面尺寸精度高和表面粗糙度值要求较低时(1分)。(2)在大批量生产中,用通用机床和通用夹具加工时(1分)。(3)当工人的平均技术水平较低时(1分)。(4)在批量生产中,工件尺寸不大和类型不固定时(1分)。

62. 答:安排工件表面加工顺序时,通常应遵循以下4个原则:(1)先加工主要表面,后加工次要表面(1.5分)。(2)先加工出选定的后续工序的精基准面,后加工其他表面(1.5分)。(3)先进行粗加工,后进行精加工(1分)。(4)先加工孔的端面,后加工孔(1分)。

63. 答:预备热处理包括退火、正火、时效和调质(2分)。各自的目的如下:(1)退火和正火的目的是改善切削性能,消除毛坯内应力,细化晶粒,均匀组织,为以后热处理打基础。其中退火是为了降低硬度;正火是为了适当提高硬度(1分)。(2)调质的目的是提高材料综合力学性能,为以后热处理打基础(1分)。(3)时效目的是消除切削加工应力,稳定尺寸(1分)。

64. 答:最终热处理包括淬火和回火、渗碳淬火和渗氮等热处理方法(2分)。目的如下:(1)淬火和回火的目的是提高材料的硬度、强度和耐磨性(1分)。(2)渗碳淬火的目的是提高钢件表面层的硬度、耐磨性和疲劳强度,并保持其内部的塑性和韧性(1分)。(3)渗氮的目的是提高工件表面硬度、耐磨性、抗疲劳强度和抗腐蚀性。(1分)

65. 答:标注尺寸的起点叫尺寸基准(5分)。

66. 答:切削速度提高一倍,切削温度约增高30%~40%;进给量加大一倍,切削温度只增高15%~20%;背吃刀量加大一倍,切削温度仅增高5%~8%(5分)。

67. 答:在分析工件定位时通常用一个支承点限制一个自由度,用合理分布的六个支承点限制工件的六个自由度,使工件在夹具中位置完全确定,称为六点定位(5分)。

68. 答:切削时,在刀具切削刃的切割和刀面的推挤作用下,使被切削的金属层产生变形、剪切、滑移而变成切屑的过程(5分)。

69. 答:左视图如图1所示。(实线每少一条线或多一条线扣0.5分,直到扣完为止)

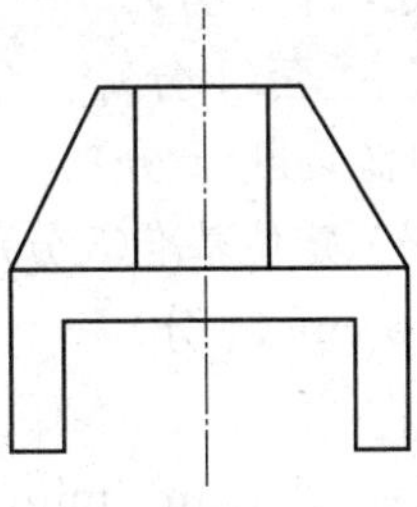

图 1

70. 答:(1)背吃刀量 a_p 和进给量 f 增加时,切削力增大。根据切削力计算的经验公式 $F_z=150a_pf^{0.75}$ 可知,背吃刀量加大一倍,主切削力 F_z 增大一倍;进给量加大一倍,主切削力 F_z 增大70%左右(因进给量增加导致切屑厚度增加,使切屑变形减少,所以切削力小些)。(2)切削塑性金属时,切削力一般是随着切削速度的提高而减小;切削脆性金属时,切削速度对切削力没有显著的影响(5 分)。

71. 答:目前用于制造刀具的材料可分为金属材料和非金属材料两大类型:金属材料有碳素工具钢、合金工具钢、高速钢、硬质合金。非金属材料有人造金刚石和立方氮化硼及陶瓷。其中碳素工具钢和合金工具钢的红硬性能较差(约 200～400 ℃),已很少用来制造车刀(5 分)。

72. 答:在机器制造中使用夹具的目的是为了保证产品质量,提高劳动生产率,解决车床加工中的特殊困难,扩大机床的加工范围,降低对工人的技术要求(5 分)。

73. 答:定位装置的作用是确定工件在夹具中的位置,使工件在加工时相对于刀具及切削运动处于正确位置。夹紧装置的作用是夹紧工件,保证工件在夹具中的既定位置在加工过程中不变(5 分)。

74. 答:定位点多于所应限制的自由度数,说明实际上有些定位点重复限制了同一个自由度,这样的定位称为重复定位。只要满足加工要求,少于六点的定位,称为部分定位(5 分)。

六、综 合 题

1. 答:间隙配合:具有间隙的配合(3 分)。表现为孔的公差带在轴的公差带之上(1 分);过盈配合:具有过盈的配合(2 分)。表现为孔的公差带在轴的公差带之下(1 分);过渡配合:可能具有间隙或过盈的配合(2 分)。表现为孔的公差带和轴的公差带相互交叠(1 分)。

2. 答:(1)导向臂距工件太远,锯带张紧力调整不当(2 分)。

(2)导向块未夹紧锯条,或导向块平面已经磨损不平(2 分)。

(3)夹装后的带锯条与工作台面不垂直(2 分)。

(4)锯带没有通过跑合切割,锯齿一侧分齿刃部过早钝化(2 分)。

(5)进给速度太快,齿尖磨钝,分齿平衡被破坏,锯齿不能正常下锯(2 分)。

3. 答:(1)进给量太大,造成锯带背部因受挤压引起变形(5 分)。

(2)顶部导向块或轴承已磨损或残缺,锯带背部受挤压后变形(5 分)。

4. 答:(1)开机前检查是否有漏电等不安全隐患(2 分)。

(2)锯床运转时严禁开启两侧锯轮防护罩(2 分)。

(3)绝对不允许用手触摸运转中的带锯条(2 分)。

(4)严禁在带锯条运转的下方触摸工件(2 分)。

(5)折叠拆取带锯条要戴防护眼镜、手套(1 分)。

(6)更换带锯条一定要将机器的电源切断(1 分)。

5. 答:工艺基准分为:工序基准(3 分)、定位基准(3 分)、测量基准(2 分)、装配基准(2 分)。

6. 答:$S=\pi r^2=3.14\times 2.5^2=19.6\ \text{cm}^2$(4 分)

$T=1\ \text{min}$(1 分)

切削率$=S/T=19.6\ \text{cm}^2/1\ \text{min}=19.6\ \text{cm}^2/\text{min}$(5 分)

7. 答:$S=\pi r^2=3.14\times 2.5^2=19.6\ \text{cm}^2$(4 分)

切削率$=50(\text{cm}^2/\text{min})$(1 分)

T(切断时间 min)$=19.6\ \text{cm}^2/50(\text{cm}^2/\text{min})=0.392\ \text{min}$(5 分)

8. 答:锰能降低 S 对钢的危害(2 分)。Si 比锰脱氧能力强,硅溶于 F,提高钢的强度和硬度,但会使塑性和韧性降低(2 分)。S 可使钢的“热脆”性增加。S 对钢的焊接性能也有不良影响,容易导致焊缝热裂(2分)。P会引起钢的“冷脆”。P还降低钢的焊接性能(2分)。氧会降低钢的力学性能,尤其是疲劳强度(1分)。N会以氮化物的形式析出,增加钢的强度和硬度,但会降低钢的塑性和韧性,使钢变脆(1分)。

9. 答:钢材表面处理有化学处理和物理处理两种(4分)。其中化学处理以酸洗为主,通过在钢材表面发生化学反应进行腐蚀处理后,用钢丝刷辊清扫干净(3分)。物理处理以机械加工处理的方式,如抛丸、喷砂、高压水等方式,完成处理达到效果(3分)。

10. 答:铝合金按加工方法可以分为形变铝合金(5分)和铸造铝合金(5分)两大类。

11. 答:振动是一种极有害的现象(3分)。它使被加工工件的表面质量恶化,表面粗糙,刀具加速磨损,机床连接部件易松动,零件过早磨损(5分)。机床振动还可产生噪声(2分)。

12. 答:锯轮的径向跳动,检验工具:指示器(2分);锯轮的端面跳动,检验工具:指示器(2分);工作台面的平面度,检验工具:指示器(2分)、平尺量块;导向杆侧面对工作台面的垂直度,检验工具:指示器、专用角尺(2分);带锯条侧面对工作台面的垂直度,检验工具:指示器、专用角尺、专用检验带(1分);导向杆与导向座的综合间隙引起的导向杆位置变化,检验工具:指示器、弹簧秤(1分)。

13. 答:锯断件端面对基准面的垂直度,检验工具:角尺、塞尺(3分);锯断件端面对进给方向的垂直度,检验工具:平尺、塞尺(3分);锯断片的等厚度,检验工具:千分尺(2分);锯断片长度尺寸的重复精度,检验工具:千分尺(2分)。

14. 答:最大生产率试验(3分)、传动系统最大功率试验(3分)、最大锯削厚度试验(2分)、最大锯削主分力试验(2分)。

15. 答:锯条平面对锯弓运动平面的平行度:

(1)锯弓沿工作行程方向运动;

(2)锯弓沿进给方向运动。

检验工具:指示器、专用平尺(3分)。

夹紧在虎钳内的试件轴线对锯弓运动平面的垂直度:

(1)锯弓沿工作行程方向;

(2)锯弓沿进给方向运动。

检验工具:指示器、专用检具(3分)。

锯弓行程的游隙:

检验工具:指示器、弹簧秤(2分)。

送料机构的重复定位精度(仅适用于自动型):

检验工具:指示器(2分)。

16. 答:锯断件端面对其素线的垂直度,检验工具:角尺、塞尺(5分);锯断片长度的重复精度(仅适用于自动型),检验工具:千分尺(5分)。

17. 答:锯削抗力的试验(3分)、主传动系统达到最大功率的试验(4分)、最大生产率的试验(3分)。

18. 答:主轴圆锯片定心轴的径向跳动,检验工具:指示器(2分);主轴圆锯片定心轴的端面跳动,检验工具:指示器(2分);圆锯片进给方向对主轴轴线的垂直度,检验工具:指示器、专用法兰盘(2分);试件理想锯断面对圆锯片进给方向的平行度,检验工具:指示器、专用检具(2分);试件理想锯断面对主轴轴线的垂直度,检验工具:指示器、专用检具(1分);送料机构的重复定位精度(仅适用于自动型),检验工具:指示器(1分)。

19. 答:锯断件端面对工作台面的垂直度,检验工具:角尺、塞尺(5分);锯断片长度的重复精度(仅适用于自动型):检验工具:千分尺(5分)。

20. 答:“基准重合”原则(2分)、“基准统一”原则(2分)、“自为基准”原则(2分)、“互为基准”原则(2分)。精基准选择应保证工件定位准确、夹紧可靠、操作方便(2分)。

21. 答:(1)如果必须首先保证工件上加工表面与不加工表面之间的位置要求,则应以不加工表面为粗基准(2分)。

(2)如果工件必须首先保证某重要表面的加工余量均匀,则应选择该表面为粗基准(2分)。

(3)零件上有较多加工面时,为使各加工表面都得到足够的加工余量,应选择毛坯上加工余量最小的表面为粗基准(2分)。

(4)选择粗基准的表面,应尽可能平整和光洁、不能有飞边、浇口、冒口及其他缺陷,以便定位准确、可靠(2分)。

(5)粗基准应避免重复使用,在同一尺寸方向通常只允许使用一次,否则会造成较大的定位误差(2分)。

22. 答:(1)备状态良好,主轴无变形,无径跳,安装固定牢固,无振动等(2分)。

(2)检查锯片有无损坏,齿型是否完整,锯板是否平整光洁,以及有无其他异常现象,以确保使用安全(2分)。

(3)装配时,确定锯片箭头方向与设备主轴旋转方向一致(2分)。

(4)锯片安装时要保持轴心,卡盘和法兰盘的清洁,法兰盘内径与锯片内径一致,确保法兰盘与锯片紧密结合,装好定位销,拧紧螺母。法兰盘的大小要适当,外径应不小于锯片直径的1/3(2分)。

(5)设备开动前,确保安全的情况下,有单人操作设备,点动空转,检查设备转向是否正确,有无振动、锯片装好后先空转几分钟,无打滑、摆动或跳动后正常工作(2分)。

23. 答:(1)工作时,工件应确保被固定,型材定位符合吃刀方向,以免造成异常切入,不要施加侧压力或曲线切割,进刀要平稳,避免刀刃冲击性接触工件,从而导致锯条破损、或工件飞出,发生意外事故(2分)。

(2)工作时,发现声音和振动异常、切割面粗糙、或产生异味时,必须立即终止作业,及时检查,排除故障以免发生意外事故(2分)。

(3)在开始切削及停止切削时,不要进刀太快,避免造成断齿及破损(2分)。

(4)如果切割铝合金或其他金属,要使用专用的冷却润滑液,以防锯条过热,产生糊齿,和其他损坏,影响切割质量(2分)。

(5)设备排屑槽和吸渣装置确保畅通,以防积渣成块,影响生产和安全(1分)。

(6)干切时,请不要长时间连续切割,以免影响锯条的使用寿命和切割效果;湿片切割,应加水切割,谨防漏电(1分)。

24. 解:已知 $m=4$,$Z=24$,各部尺寸的计算结果如下:

$d=mZ=4\times24=96$ mm (2.5分)

$p=\pi m=3.14\times4=12.56$ mm (1.5分)

$h_a=m=4$ mm (1.5分)

$h_f = 1.25m = 1.25 \times 4 = 5$ mm　　(1.5 分)

$d_a = m(Z+2) = 4 \times (24+2) = 104$ mm　　(1.5 分)

$d_1 = m(Z-2.5) = 4 \times (24-2.5) = 86$ mm　(1.5 分)

25. 已知 $F = 9\ 800$ N，$A = 0.005$ m^2

解：由公式 $P = \dfrac{F}{A}$

$P = \dfrac{9\ 800}{0.005} = 19.6 \times 10^3$ (Pa)　　(10 分)

答：油面单位面积上的压力 P 为 19.6×10^3 Pa。

26. 答：左视图如图 2 所示(实线每少一条线或多一条线扣 1 分，虚线每少一条线或多一条线扣 2 分，直到扣完为止)。

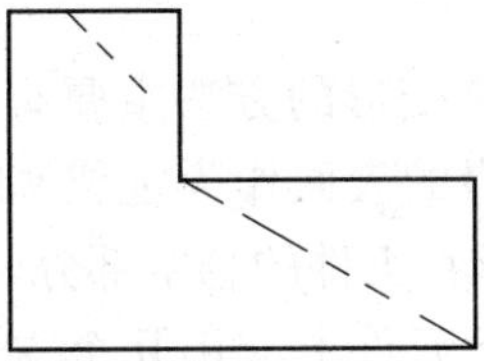

图　2

27. 答：刀具磨损曲线如图 3 所示。(10 分)

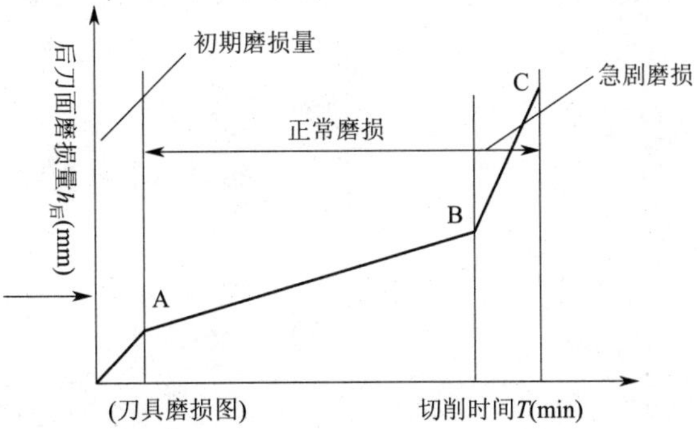

图　3

28. 答：对配合性质产生影响(2 分)；对耐磨性质产生影响(2 分)；对耐腐蚀性产生影响(2 分)；对抗疲劳强度产生影响(2 分)；对密封性能产生影响(2 分)。

29. 答：对刀具材料提出的基本要求：(1)硬度高(1 分)、耐磨损(1 分)；(2)强度高(1 分)、抗弯曲(1 分)；(3)韧性好(1 分)、耐冲击(1 分)；(4)耐热性好(1 分)；(5)经济性好(1 分)；(6)磨削性能好(1 分)；(7)热塑性好(1 分)。

30. 答：切削液应根据加工性质选用(1 分)。如粗加工时应选用以冷却为主的乳化液(1 分)；精加工时最好选用切削油或高含量的乳化液(1 分)；钻削、铰削和深孔加工时，应选用黏度较小的乳化液和切削油，并加大流量和压力(1 分)，一方面起冷却、润滑的作用(1 分)，另一方面把切屑冲洗出来(1 分)。此外切削液还应根据工件材料选用，如钢材粗加工一般用乳化液(1 分)，精加工用切削油(1 分)；铸铁、铜、铝等脆性材料一般不加切削液(1 分)；切削有色金属和铜合金时，不宜采用含硫的切削液，以免腐蚀工件(1分)。

31. 解：最大过盈 $Y_{max}=D_{min}-d_{max}=40-40.042=-0.042$ mm(4分)

最小过盈 $Y_{min}=D_{max}-d_{min}=40.025-40.026=-0.001$ mm(4分)

答：最大过盈为0.042 mm，最小过盈为0.001 mm(2分)。

32. 答：在日常生产中，可以通过工件的表面光泽、切屑颜色及噪声等情况来判断刀具是否磨钝(2分)。一般在粗车时，这几种变化都比较明显。车刀发生急剧磨损时，切屑颜色即显著变深(指加工钢类)，从银白色、淡黄色变为紫色或黑色，还会产生不正常的噪声和振动，在工件的加工表面出现亮纹(4分)。精车时，主要是观察工件已加工表面的光泽变化，如发现加工表面刀痕紊乱，即说明车刀已发生磨损(4分)。

33. 答：加工材料的硬度(2分)、强度越高(2分)，产生的切削温度越高(2分)，故刀具磨损越快，刀具耐用度越低。此外，加工材料的延伸率或导热系数越小(2分)，也能使切削温度升高(2分)，刀具耐用度降低。

34. 答：防止和减少畸形工件装夹变形的方法主要有以下几点：(1)选用角铁要有足够的刚性(2分)；(2)尽可能选用稳定、可靠的表面作为定位基准(2分)；(3)增加可调支承(2分)；(4)压板压紧的部位必须正确，不能压在工件的悬空部分(4分)。

35. 答：(1)夹紧力应作用在支承元件上或用几个支承元件所形成的支撑面内以免产生颠覆力矩，并使夹紧力较均匀的分布在整个接触面上，从而保证定位稳定可靠(4分)。(2)夹紧力作用点应尽量作用在工件刚性较好的部位上，避免工件产生不允许的变形(3分)。(3)夹紧力作用点应尽量靠近加工表面，防止产生振动(3分)。

锯床工(初级工)技能操作考核框架

一、框架说明

1. 依据《国家职业标准》注,以及中国中车确定的“岗位个性服从于职业共性”的原则,提出锯床工(初级工)技能操作考核框架(以下简称:技能考核框架)。

2. 本职业等级技能操作考核评分采用百分制。即:满分为 100 分,60 分为及格,低于 60 分为不及格。

3. 实施“技能考核框架”时,考核制件(活动)命题可以选用本企业的加工件(活动项目),也可以结合实际另外组织命题。

4. 实施“技能考核框架”时,考核的时间和场地条件等应依据《国家职业标准》,并结合企业实际确定。

5. 实施“技能考核框架”时,其“职业功能”的分类按以下要求确定:

(1)“轴类零件加工”、“套类零件加工”、“型材加工”属于本职业等级技能操作的核心职业活动,其“项目代码”为“E”。

(2)“工艺准备”、“精度检验及误差分析”属于本职业等级技能操作的辅助性活动,其“项目代码”分别为“D”和“F”。

6. 实施“技能考核框架”时,其“鉴定项目”和“选考数量”按以下要求确定:

(1)按照《国家职业标准》有关技能操作鉴定比重的要求,本职业等级技能操作考核制件的“鉴定项目”应按“D”+“E”+“F”组合,其考核配分比例相应为:“D”占 20 分,“E”占 70 分,“F”占 10 分。

(2)依据中国中车确定的“核心职业活动选取 2/3,并向上取整”的规定,在“E”类鉴定项目——“轴类零件加工”、“套类零件加工”、“型材加工”的全部 3 项中,至少选取 2 项。

(3)依据中国中车确定的“其余‘鉴定项目’的数量可以任选”的规定,“D”和“F”类鉴定项目——“工艺准备”、“精度检验及误差分析”中,至少分别选取 1 项。

(4)依据中国中车确定的“确定‘选考数量’时,所涉及‘鉴定要素’的数量占比,应不低于对应‘鉴定项目’范围内‘鉴定要素’总数的 60%,并向上取整”的规定,考核制件的鉴定要素“选考数量”应按以下要求确定:

①在“D”类“鉴定项目”中,在已选定的 1 个或全部鉴定项目中,至少选取已选鉴定项目所对应的全部鉴定要素的 60%项,并向上保留整数。

②在“E”类“鉴定项目”中,在已选的 2 个鉴定项目所包含的全部鉴定要素中,至少选取总数的 60%项,并向上保留整数。

③在“F”类“鉴定项目”中,对应“精度检验及误差分析”的 4 个鉴定要素,至少选取 3 项,即鉴定要素的 60%项,并向上保留整数。

举例分析:

按照上述“第 6 条”要求，若命题时按最少数量选取，即：在“D”类鉴定项目中的选取了“工件定位与夹紧”1 项，在“E”类鉴定项目中选取了“套类零件加工”、“型材加工”2 项，在“F”类鉴定项目中选取了“精度检验和误差分析”1 项，则：

此考核活动所涉及的“鉴定项目”总数为 4 项，具体包括：“工件定位与夹紧”、“套类零件加工”、“型材加工”、“精度检验和误差分析”。

此考核活动所涉及的鉴定要素“选考数量”相应为 13 项，具体包括：“工件定位与夹紧”鉴定项目包含的全部 2 个鉴定要素中的 2 项，“套类零件加工”、“型材加工”2 个鉴定项目包括的全部 12 个鉴定要素中的 8 项，“精度检验和误差分析”鉴定项目包含的全部 4 个鉴定要素中的 3 项。

7. 本职业等级技能操作需要两人及以上共同作业的，可由鉴定组织机构根据“必要、辅助”的原则，结合实际情况确定协助人员的数量。在整个操作过程中，协助人员只能起必要、简单的辅助作用。否则，每违反一次，至少扣减应考者的技能考核总成绩 10 分，直至取消其考试资格。

8. 实施“技能考核框架”时，应同时对应考者在质量、安全、工艺纪律、文明生产等方面行为进行考核。对于在技能操作考核过程中出现的违章作业现象，每违反一项（次）至少扣减技能考核总成绩 10 分，直至取消其考试资格。

注：按照中国中车规定，各《职业技能操作考核框架》的编制依据现行的《国家职业标准》或现行的《行业职业标准》或现行的《中国中车职业标准》的顺序执行。

二、锯床工（初级工）技能操作鉴定要素细目表

职业功能	鉴定项目				鉴定要素		
	项目代码	名称	鉴定比重（%）	选考方式	要素代码	名　称	重要程度
一、工艺准备	D	（一）安全文明生产	20	任选	001	能够正确穿戴和使用劳动保护用品，遵守安全操作规程，实现安全文明生产	X
		（二）读图与绘图			001	能读懂加工零件图及尺寸标准	X
		（三）制定加工工艺			001	能读懂简单零件的机械加工工艺过程	X
					002	能制定简单零件的加工顺序（工步）	X
					003	能合理选择切削用量	X
					004	能合理选择切削液	X
		（四）工件定位与夹紧			001	能使用设备原有夹具将工件正确定位与夹紧	X
					002	能使用专用夹具将工件定位与夹紧	Y
		（五）刀具准备			001	能合理选用刀具	X
					002	能刃磨刀具	X
		（六）普通卧式金属带锯床的使用、维护与保养			001	能操作锯床的各部手柄、电器控制的操作	X
					002	能对锯床各部润滑点进行润滑	X
					003	能对床身、立柱、锯梁和传动机构、导向装置、润滑及冷却等进行保养	X
					004	机床润滑图表（含润滑油种类）	X

续上表

<table>
<tr><th rowspan="2">职业功能</th><th colspan="4">鉴定项目</th><th colspan="3">鉴定要素</th></tr>
<tr><th>项目代码</th><th>名称</th><th>鉴定比重(%)</th><th>选考方式</th><th>要素代码</th><th>名　称</th><th>重要程度</th></tr>
<tr><td rowspan="17">二、工件加工</td><td rowspan="17">E</td><td rowspan="5">(一)轴类加工</td><td rowspan="17">70</td><td rowspan="17">全选</td><td>001</td><td>能对零件进行装夹、定位</td><td>X</td></tr>
<tr><td>002</td><td>根据零件的加工过程合理选择切削用量</td><td>X</td></tr>
<tr><td>003</td><td>加工面与母线垂直度公差 GB/T 1184 L 级</td><td>X</td></tr>
<tr><td>004</td><td>表面结构 MRR Ra6.3 μm</td><td>X</td></tr>
<tr><td>005</td><td>加工长度尺寸公差 GB/T 1804 m 级</td><td>X</td></tr>
<tr><td rowspan="5">(二)套类零件加工(厚壁)</td><td>001</td><td>能对零件进行装夹、定位</td><td>X</td></tr>
<tr><td>002</td><td>根据零件的加工过程合理选择切削用量</td><td>X</td></tr>
<tr><td>003</td><td>加工面与母线垂直度公差 GB/T 1184 L 级</td><td>X</td></tr>
<tr><td>004</td><td>表面结构 MRR Ra6.3 μm</td><td>X</td></tr>
<tr><td>005</td><td>加工长度尺寸公差 GB/T 1804 m 级</td><td>X</td></tr>
<tr><td rowspan="7">(三)型材加工</td><td>001</td><td>能根据加工零件确定锯床种类</td><td>X</td></tr>
<tr><td>002</td><td>能根据工件的材料、壁厚及截面形状选择刀具的齿形、材料</td><td>X</td></tr>
<tr><td>003</td><td>能对零件进行合理装夹、定位</td><td>X</td></tr>
<tr><td>004</td><td>根据零件的截面形状调节合理的切削用量</td><td>X</td></tr>
<tr><td>005</td><td>加工面与母线垂直度公差 GB/T 1184 L 级</td><td>X</td></tr>
<tr><td>006</td><td>表面结构 MRR Ra6.3 μm</td><td>X</td></tr>
<tr><td>007</td><td>加工长度尺寸公差 GB/T 1804 m 级</td><td>Y</td></tr>
<tr><td rowspan="4">三、精度检验及误差分析</td><td rowspan="4">F</td><td rowspan="4">精度检验及误差分析</td><td rowspan="4">10</td><td rowspan="4">必选</td><td>001</td><td>盒尺、钢板尺、游标卡尺测量加工长度尺寸公差 GB/T 1804 m 级</td><td>X</td></tr>
<tr><td>002</td><td>直角尺与塞规检测加工面与母线垂直度公差 GB/T 1184 L 级</td><td>X</td></tr>
<tr><td>003</td><td>粗糙度样块检测表面结构 MRR Ra6.3 μm</td><td>X</td></tr>
<tr><td>004</td><td>根据检测结果分析误差产生的原因</td><td>X</td></tr>
</table>

注:重要程度中 X 表示核心要素,Y 表示一般要素,Z 表示辅助要素。下同。

中国中车
CRRC

锯床工(初级工)
技能操作考核样题与分析

职 业 名 称：____________________
考 核 等 级：____________________
存 档 编 号：____________________
考核站名称：____________________
鉴定责任人：____________________
命题责任人：____________________
主管负责人：____________________

中国中车股份有限公司劳动工资部制

职业技能鉴定技能操作考核制件图示或内容

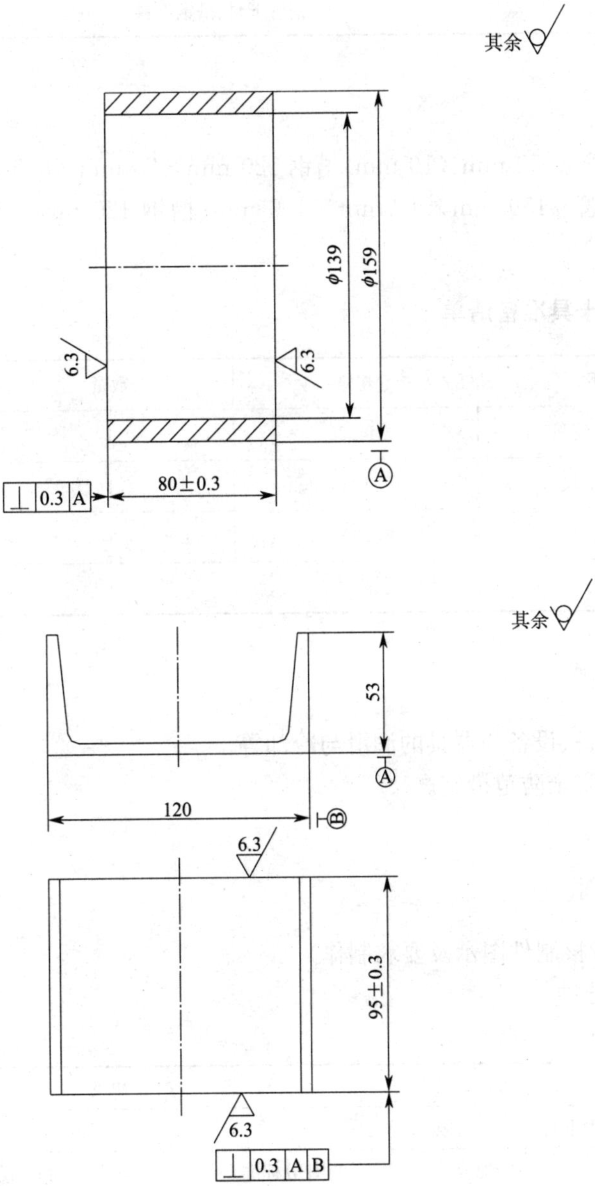

职业名称	锯床工
考核等级	初级工
试题名称	钢管下料、槽钢下料
材质等信息	

职业技能鉴定技能操作考核准备单

职业名称	锯床工
考核等级	初级工
试题名称	钢管下料、槽钢下料

一、材料准备

1. 材料规格：钢管 ϕ159 mm×10 mm；槽钢 120 mm×53 mm×5.5 mm。
2. 坯件尺寸：钢管 ϕ159 mm×10 mm×100 mm；槽钢 120 mm×53 mm×5.5 mm×115 mm。

二、设备、工、量、卡具准备清单

序号	名称	规格	数量	备注
1	金属带锯机	G4228	1	
2	游标卡尺	125	1	
3	钢板尺	600	1	
4	直角尺		1	

三、考场准备

1. 相应的公用设备、设备与器具的润滑与冷却等。
2. 相应的场地及安全防范措施。
3. 其他准备。

四、考核内容及要求

1. 考核内容(按考核制件图示及要求制作)。
2. 考核时限：30 分钟。
3. 考核评分(表)

职业名称	锯床工	考核等级	初级工		
试题名称	钢管下料、槽钢下料	考核时限	30 min		
鉴定项目	考核内容	配分	评分标准	扣分说明	得分
工艺准备	制定加工工艺	6	加工工艺过程正确	错误不得分	
		4	切削用量选择合理	一项错误扣 2 分	
		2	合理选用切削液	满足加工需要得分	
	定位与加紧	4	定位	定位基准选取正确得分	
		4	加紧	合理控制工件自由度，保证加工得分	

续上表

鉴定项目	考核内容	配分	评分标准	扣分说明	得分
工件加工	钢管下料	10	垂直度 0.3	超差不得分	
		6	表面结构 MRR Ra6.3 μm	大于 Ra6.3 μm 不得分	
		10	(80±0.3)mm	超差不得分	
	槽钢下料	4	设备选用合理	设备选用经济合理得分	
		4	刀具齿形选择	选择错误不得分	
		10	垂直度 0.3	超差不得分	
		6	表面结构 MRR Ra6.3 μm	大于 Ra6.3 μm 不得分	
		10	(95±0.3)mm	超差不得分	
精度检验及误差分析	精度检验及误差分析	4	(80±0.3)mm、(95±0.3)mm	自检错误不得分	
		4	垂直度 0.3	自检错误不得分	
		2	表面结构 MRR Ra6.3 μm	自检错误不得分	
		10	误差分析	原因分析正确,依据充分得分	
质量、安全、工艺纪律、文明生产等综合考核项目	考核时限	不限	每超时 5 分钟,扣 10 分		
	工艺纪律	不限	依据企业有关工艺纪律规定执行,每违反一次扣 10 分		
	劳动保护	不限	依据企业有关劳动保护管理规定执行,每违反一次扣 10 分		
	文明生产	不限	依据企业有关文明生产管理规定执行,每违反一次扣 10 分		
	安全生产	不限	依据企业有关安全生产管理规定执行,每违反一次扣 10 分		

职业技能鉴定技能考核制件(内容)分析

职业名称	锯床工				
考核等级	初级工				
试题名称	钢管下料、槽钢下料				
职业标准依据	国家职业标准				
试题中鉴定项目及鉴定要素的分析与确定					
鉴定项目分类 / 分析事项	基本技能“D”	专业技能“E”	相关技能“F”	合计	数量与占比说明
鉴定项目总数	6	3	1	10	专业技能满足2/3，鉴定要素满足60%的要求
选取的鉴定项目数量	2	2	1	5	
选取的鉴定项目数量占比(%)	33.3	66.6	100	50	
对应选取鉴定项目所包含的鉴定要素总数	6	12	4	22	
选取的鉴定要素数量	4	8	3	15	
选取的鉴定要素数量占比(%)	66.6	66.6	75	68	

所选取鉴定项目及相应鉴定要素分解与说明

鉴定项目类别	鉴定项目名称	国家职业标准规定比重(%)	鉴定要素名称	要素分解	配分	评分标准	考核难点说明
“D”	工艺准备	20	制定加工工艺	能制定简单零件的加工顺序(工步)	6	工序合理得6分	
				能合理选择切削用量	4	切削用量选择合理得4分	
				能合理选择切削液	2	选用合理得2分	
			工件定位与夹紧	能使用设备原有夹具将工件正确定位与夹紧	4	定位基准选择正确，夹紧牢固得4分	
				能使用专用夹具将工件定位与夹紧	4	定位基准选择正确，夹紧牢固得4分	
“E”	工件加工	70	套类零件加工	加工面与母线垂直度公差GB/T 1184 L级	10	符合公差要求得10分	
				表面结构MRR $Ra6.3\ \mu m$	6	表面结构符合要求得6分	
				加工长度尺寸公差GB/T 1804 m级	10	符合公差要求得10分	
			型材加工	能根据加工零件确定锯床种类	4	合理选择设备得4分	
				能根据工件的材料、壁厚及截面形状选择刀具的齿形、材料	10	合理确定刀具齿形得10分	
				加工面与母线垂直度公差GB/T 1184 L级	10	符合公差要求得10分	
				表面结构MRR $Ra6.3\ \mu m$	10	表面结构符合要求得10分	
				加工长度尺寸公差GB/T 1804 m级	10	符合公差要求得10分	

续上表

鉴定项目类别	鉴定项目名称	国家职业标准规定比重(%)	鉴定要素名称	要素分解	配分	评分标准	考核难点说明
“F”	精度检验及误差分析	10	精度检验及误差分析	盒尺、钢板尺、游标卡尺测量加工长度尺寸公差 GB/T 1804 m 级	2	检测方法合理，结果准确得 2 分	
				直角尺与塞规检测加工面与母线垂直度公差 GB/T 1184 L 级	2	检测方法合理，结果准确得 2 分	
				粗糙度样块检测表面结构 MRR $Ra6.3\ \mu m$	1	检测方法合理，结果准确得 1 分	
				根据检测结果分析误差产生的原因	5	分析原因依据充分、正确得 5 分	
质量、安全、工艺纪律、文明生产等综合考核项目				考核时限	不限	每超时 5 分钟，扣 10 分	
				工艺纪律	不限	依据企业有关工艺纪律规定执行，每违反一次扣 10 分	
				劳动保护	不限	依据企业有关劳动保护管理规定执行，每违反一次扣 10 分	
				文明生产	不限	依据企业有关文明生产管理规定执行，每违反一次扣 10 分	
				安全生产	不限	依据企业有关安全生产管理规定执行，每违反一次扣 10 分	

锯床工(中级工)技能操作考核框架

一、框架说明

1. 依据《国家职业标准》注,以及中国中车确定的“岗位个性服从于职业共性”的原则,提出锯床工(中级工)技能操作考核框架(以下简称:技能考核框架)。

2. 本职业等级技能操作考核评分采用百分制。即:满分为100分,60分为及格,低于60分为不及格。

3. 实施“技能考核框架”时,考核制件(活动)命题可以选用本企业的加工件(活动项目),也可以结合实际另外组织命题。

4. 实施“技能考核框架”时,考核的时间和场地条件等应依据《国家职业标准》,并结合企业实际确定。

5. 实施“技能考核框架”时,其“职业功能”的分类按以下要求确定:

(1)“轴、套类零件及型材的斜面加工”、“薄壁套类零件加工”、“成型零件的组合加工”属于本职业等级技能操作的核心职业活动,其“项目代码”为“E”。

(2)“工艺准备”、“精度检验及误差分析”属于本职业等级技能操作的辅助性活动,其“项目代码”分别为“D”和“F”。

6. 实施“技能考核框架”时,其“鉴定项目”和“选考数量”按以下要求确定:

(1)按照《国家职业标准》有关技能操作鉴定比重的要求,本职业等级技能操作考核制件的“鉴定项目”应按“D”+“E”+“F”组合,其考核配分比例相应为:“D”占20分,“E”占70分,“F”占10分。

(2)依据中国中车确定的“核心职业活动选取2/3,并向上取整”的规定,在“E”类鉴定项目——“轴、套类零件及型材的斜面加工”、“薄壁套类零件加工”、“成型零件的组合加工”的全部3项中,至少选取2项。

(3)依据中国中车确定的“其余‘鉴定项目’的数量可以任选”的规定,“D”和“F”类鉴定项目——“工艺准备”、“精度检验及误差分析”中,至少分别选取1项。

(4)依据中国中车确定的“确定‘选考数量’时,所涉及‘鉴定要素’的数量占比,应不低于对应‘鉴定项目’范围内‘鉴定要素’总数的60%,并向上取整”的规定,考核制件的鉴定要素“选考数量”应按以下要求确定:

①在“D”类“鉴定项目”中,在已选定的1个或全部鉴定项目中,至少选取已选鉴定项目所对应的全部鉴定要素的60%项,并向上保留整数。

②在“E”类“鉴定项目”中,在已选的2个鉴定项目所包含的全部鉴定要素中,至少选取总数的60%项,并向上保留整数。

③在“F”类“鉴定项目”中,对应“精度检验及误差分析”的5个鉴定要素,至少选取3项,即鉴定要素的60%项,并向上保留整数。

举例分析:

按照上述“第6条”要求,若命题时按最少数量选取,即:在“D”类鉴定项目中的选取了“工件定位与夹紧”1项,在“E”类鉴定项目中选取了“薄壁套类零件加工”、“成型零件的组合加工”2项,在“F”类鉴定项目中选取了“精度检验和误差分析”1项,则:

此考核活动所涉及的“鉴定项目”总数为4项,具体包括:“工件定位与夹紧”,“薄壁套类零件加工”、“成型零件的组合加工”、“精度检验和误差分析”。

此考核活动所涉及的鉴定要素“选考数量”相应为13项,具体包括:“工件定位与夹紧”鉴定项目包含的全部2个鉴定要素中的2项,“薄壁套类零件加工”、“成型零件的组合加工”2个鉴定项目包括的全部10个鉴定要素中的7项,“精度检验和误差分析”鉴定项目包含的全部5个鉴定要素中的4项。

7. 本职业等级技能操作需要两人及以上共同作业的,可由鉴定组织机构根据“必要、辅助”的原则,结合实际情况确定协助人员的数量。在整个操作过程中,协助人员只能起必要、简单的辅助作用。否则,每违反一次,至少扣减应考者的技能考核总成绩10分,直至取消其考试资格。

8. 实施“技能考核框架”时,应同时对应考者在质量、安全、工艺纪律、文明生产等方面行为进行考核。对于在技能操作考核过程中出现的违章作业现象,每违反一项(次)至少扣减技能考核总成绩10分,直至取消其考试资格。

注:按照中国中车规定,各《职业技能操作考核框架》的编制依据现行的《国家职业标准》或现行的《行业职业标准》或现行的《中国中车职业标准》的顺序执行。

二、锯床工(中级工)技能操作鉴定要素细目表

职业功能	鉴定项目				鉴定要素		
	项目代码	名称	鉴定比重(%)	选考方式	要素代码	名称	重要程度
一、工艺准备	D	(一)安全文明生产	20	任选	001	能够正确穿戴和使用劳动保护用品,遵守安全操作规程,实现安全文明生产	X
		(二)读图与绘图			001	能读懂加工零件图及尺寸标准	X
		(三)制定加工工艺			001	能读懂简单零件的机械加工工艺过程	X
					002	能制定简单零件的加工顺序(工步)	X
					003	能合理选择切削用量	X
					004	能合理选择切削液	X
		(四)工件定位与夹紧			001	能使用设备原有夹具将工件正确定位与夹紧	X
					002	能使用专用夹具将工件定位与夹紧	Y
		(五)刀具准备			001	能合理选用刀具	X
					002	能刃磨刀具	X
		(六)金属锯床的使用、维护与保养			001	能操作锯床的各部手柄、电器控制的操作	X
					002	能对锯床各部润滑点进行润滑	X
					003	能对床身和传动机构、导向装置、润滑及冷却等进行保养	X
					004	机床润滑图表(含润滑油种类)	X

续上表

职业功能	鉴定项目				鉴定要素		
	项目代码	名　称	鉴定比重（%）	选考方式	要素代码	名　称	重要程度
二、工件加工	E	（一）轴、套类零件及型材的斜面加工	70	全选	001	能对零件进行装夹、定位	X
					002	根据零件的加工过程合理选择切削用量	X
					003	加工面与母线角度公差 GB/T 1804 v 级	X
					004	表面结构 MRR *Ra*3.2 μm	X
					005	加工长度尺寸公差 GB/T 1804 f 级	X
					006	斜面与母线的垂直度公差 GB/T 1184 K 级	Y
		（二）薄壁套类零件加工			001	能对零件进行合理装夹、定位（变形量小于管径的1%）	X
					002	根据零件的加工过程合理选择切削用量	X
					003	加工面与母线的垂直度公差 GB/T 1184 K 级	X
					004	表面结构 MRR *Ra*3.2 μm	X
					005	加工长度尺寸公差 GB/T 1804 f 级	X
		（三）成型零件的组合加工			001	能根据加工零件确定锯床种类	X
					002	能根据工件的材料、壁厚及截面形状选择刀具的齿形、材料	X
					003	能对零件进行合理装夹、定位	X
					004	根据零件的截面形状调节合理的切削用量	Y
					005	满足技术要求的形位公差（不低于 GB/T 1184 K 级）、尺寸精度（不低于 GB/T 1804 f 级）及表面结构 MRR *Ra*3.2 μm	X
三、精度检验及误差分析	F	精度检验及误差分析	10	必选	001	根据零件图纸技术要求的形位公差、尺寸精度选择合理的测量设备	X
					002	盒尺、钢板尺、游标卡尺测量加工长度尺寸公差 GB/T 1804 f 级	X
					003	直角尺与塞规检测加工面与母线垂直度公差 GB/T 1184 K 级	X
					004	粗糙度样块检测表面结构 MRR *Ra*3.2 μm	X
					005	根据检测结果分析误差产生的原因	X

中国中车
CRRC

锯床工(中级工)
技能操作考核样题与分析

职 业 名 称：________________

考 核 等 级：________________

存 档 编 号：________________

考核站名称：________________

鉴定责任人：________________

命题责任人：________________

主管负责人：________________

中国中车股份有限公司劳动工资部制

职业技能鉴定技能操作考核制件图示或内容

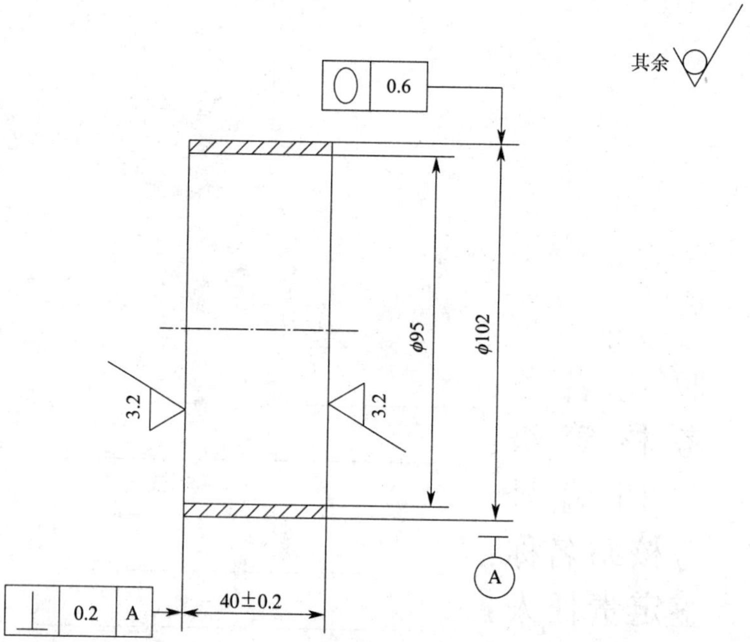

职业名称	锯床工
考核等级	中级工
试题名称	钢管(薄壁)下料
材质等信息	

职业技能鉴定技能操作考核制件图示或内容

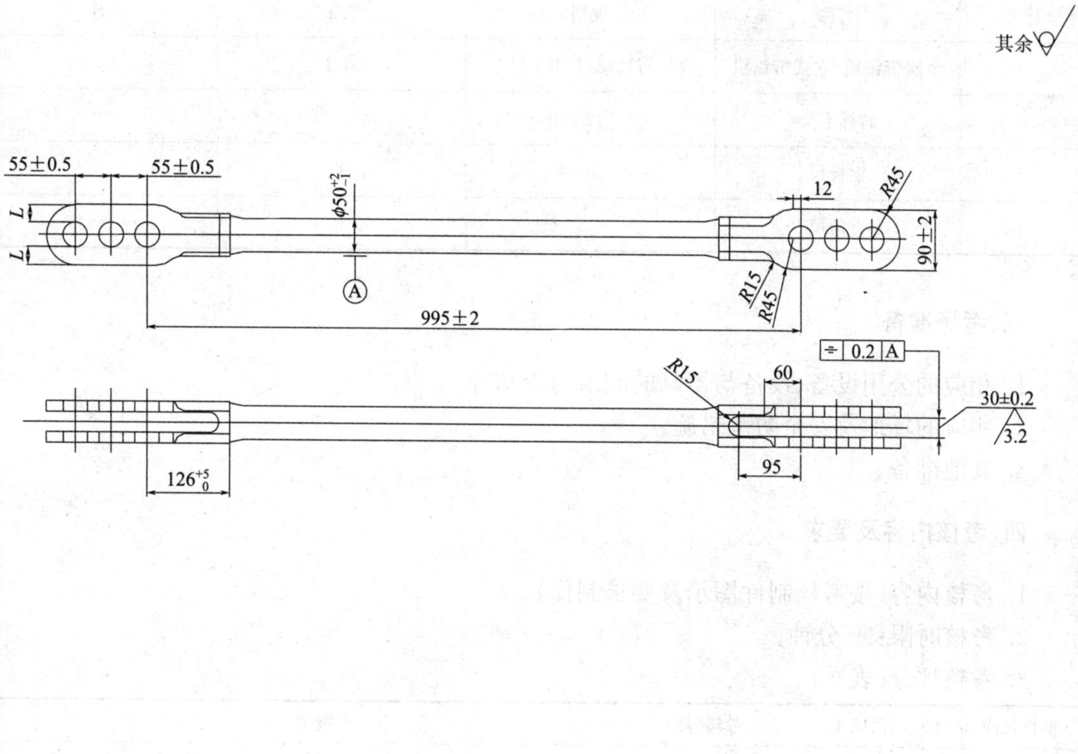

职业名称	锯床工
考核等级	中级工
试题名称	组合加工(中拉杆)
材质等信息	

职业技能鉴定技能操作考核准备单

职业名称	锯床工
考核等级	中级工
试题名称	钢管(薄壁)下料、组合加工(中拉杆)

一、材料准备

1. 材料规格:钢管 ϕ102 mm×3.5mm;中拉杆。
2. 坯件尺寸:钢管 ϕ102 mm×3.5 mm×60 mm;中拉杆毛坯。

二、设备、工、量、卡具准备清单

序号	名称	规格	数量	备注
1	金属带锯机/立式带锯机	J4228/J5328	各 1	
2	游标卡尺	125	1	
3	钢板尺	600	1	
4	直角尺		1	

三、考场准备

1. 相应的公用设备、设备与器具的润滑与冷却等。
2. 相应的场地及安全防范措施。
3. 其他准备。

四、考核内容及要求

1. 考核内容(按考核制件图示及要求制作)。
2. 考核时限:90 分钟。
3. 考核评分(表)

职业名称	锯床工	考核等级	中级工		
试题名称	钢管(薄壁)下料、组合加工(中拉杆)	考核时限	90 min		
鉴定项目	考核内容	配分	评分标准	扣分说明	得分
工艺准备	制定加工工艺	6	加工工艺过程正确	错误不得分	
		4	切削用量选择合理	一项错误扣 2 分	
		2	合理选用切削液	满足加工需要得分	
	定位与加紧	4	定位	定位基准选取正确得分	
		4	加紧	合理控制工件自由度,保证加工得分	

续上表

鉴定项目	考核内容	配分	评分标准	扣分说明	得分
工件加工	薄壁套加工	6	圆度 0.6 mm	超差不得分	
		10	垂直度 0.2 mm	超差不得分	
		4	表面结构 MRR $Ra3.2\ \mu m$	大于 $Ra3.2\ \mu m$ 不得分	
		10	(40±0.2)mm	超差不得分	
	组合加工(中拉杆)	4	设备选用合理	设备选用经济合理得分	
		4	刀具齿形选择	选择错误不得分	
		8	对称度 0.2 mm	超差不得分	
		6	表面结构 MRR $Ra3.2\ \mu m$	大于 $Ra3.2\ \mu m$ 不得分	
		8	(30±0.2)mm	超差不得分	
精度检验及误差分析	精度检验及误差分析	4	(40±0.2)mm、(30±0.2)mm	自检错误不得分	
		6	圆度 0.6 mm、垂直度 0.3 mm、对称度 0.2 mm	自检错误不得分	
		2	表面结构 MRR $Ra6.3\ \mu m$	自检错误不得分	
		8	误差分析	原因分析正确,依据充分得分	
质量、安全、工艺纪律、文明生产等综合考核项目	考核时限	不限	每超时 5 分钟,扣 10 分		
	工艺纪律	不限	依据企业有关工艺纪律规定执行,每违反一次扣 10 分		
	劳动保护	不限	依据企业有关劳动保护管理规定执行,每违反一次扣 10 分		
	文明生产	不限	依据企业有关文明生产管理规定执行,每违反一次扣 10 分		
	安全生产	不限	依据企业有关安全生产管理规定执行,每违反一次扣 10 分		

职业技能鉴定技能考核制件(内容)分析

职业名称	锯床工				
考核等级	中级工				
试题名称	钢管(薄壁)下料、组合加工(中拉杆)				
职业标准依据	国家职业标准				
试题中鉴定项目及鉴定要素的分析与确定					
分析事项 \ 鉴定项目分类	基本技能"D"	专业技能"E"	相关技能"F"	合计	数量与占比说明
鉴定项目总数	6	3	1	10	专业技能满足2/3,鉴定要素满足60%的要求
选取的鉴定项目数量	2	2	1	5	
选取的鉴定项目数量占比(%)	33.3	66.6	100	50	
对应选取鉴定项目所包含的鉴定要素总数	6	10	5	21	
选取的鉴定要素数量	4	7	5	16	
选取的鉴定要素数量占比(%)	66.6	70	100	76	

所选取鉴定项目及相应鉴定要素分解

鉴定项目类别	鉴定项目名称	国家职业标准规定比重(%)	鉴定要素名称	要素分解	配分	评分标准	考核难点说明
"D"	工艺准备	20	制定加工工艺	能制定简单零件的加工顺序(工步)	6	工序合理得6分	
				能合理选择切削用量	4	切削用量选择合理得4分	
				能合理选择切削液	2	合理选择得2分	
			工件定位与夹紧	能使用设备原有夹具将工件正确定位与夹紧	4	定位基准选择正确,夹紧牢固得4分	
				能使用专用夹具将工件定位与夹紧	4	定位基准选择正确,夹紧牢固得4分	
"E"	工件加工	60	薄壁套类零件加工	能对零件进行合理装夹、定位(变形量小于管径的1%)	6	符合公差要求得6分	
				加工面与母线垂直度公差GB/T 1184 K级	10	符合公差要求得10分	
				表面结构MRR *Ra*3.2 μm	4	表面结构符合要求得4分	
				加工长度尺寸公差GB/T 1804 f级	10	符合公差要求得10分	
			成型零件的组合加工	能根据加工零件确定锯床种类	4	合理选择设备得4分	
				能根据工件的材料、壁厚及截面形状选择刀具的齿形、材料	4	合理确定刀具齿形得4分	
				满足技术要求的形位公差(不低于GB/T 1184 K级)、尺寸精度(不低于GB/T 1804 f级)及表面结构MRR *Ra*3.2 μm	22	符合公差要求得22分	

续上表

鉴定项目类别	鉴定项目名称	国家职业标准规定比重(%)	鉴定要素名称	要素分解	配分	评分标准	考核难点说明
"F"	精度检验及误差分析	20	精度检验及误差分析	盒尺、钢板尺、游标卡尺测量加工长度尺寸公差 GB/T 1804 f级	4	检测方法合理,结果准确得4分	
				直角尺与塞规检测加工面与母线垂直度公差 GB/T 1184 K级	4	检测方法合理,结果准确得4分	
				粗糙度样块检测表面结构 MRR $Ra6.3\ \mu m$	2	检测方法合理,结果准确得2分	
				根据检测结果分析误差产生的原因	10	分析原因依据充分、正确得10分	
质量、安全、工艺纪律、文明生产等综合考核项目				考核时限	不限	每超时5分钟,扣10分	
				工艺纪律	不限	依据企业有关工艺纪律规定执行,每违反一次扣10分	
				劳动保护	不限	依据企业有关劳动保护管理规定执行,每违反一次扣10分	
				文明生产	不限	依据企业有关文明生产管理规定执行,每违反一次扣10分	
				安全生产	不限	依据企业有关安全生产管理规定执行,每违反一次扣10分	